图解 柔性材料与柔性器件

TUJIE
ROUXING CAILIAO
YU ROUXING QIJIAN

由伟　编著

化学工业出版社
·北京·

内容简介

本书以文字和图片相结合的方式，介绍了柔性材料和柔性电子器件的相关知识，包括常用的柔性材料的种类和性能，典型的柔性电子器件，如柔性晶体管、柔性传感器、柔性存储器、柔性显示器、柔性电池，最后介绍了柔性电子制造工艺。

本书是一本科普读物，一方面注重内容的科学性；另一方面，也尽力提高它的趣味性和可读性。通过阅读本书，读者首先能了解柔性电子学的专业知识，另外，也是更重要的，读者可以了解研究者的创新精神和创新意识。

本书的读者对象为对柔性电子学感兴趣的广大读者，包括中学生、大学生等青少年读者。

图书在版编目（CIP）数据

图解柔性材料与柔性器件 / 由伟编著. —北京：化学工业出版社，2023.8
（名师讲科技前沿）
ISBN 978-7-122-43635-1

Ⅰ. ①图… Ⅱ. ①由… Ⅲ. ①柔性材料-应用-电子器件-普及读物 Ⅳ. ①TB39-49②TN6-49

中国国家版本馆CIP数据核字（2023）第108184号

责任编辑：邢　涛　　　　文字编辑：王　硕
责任校对：边　涛　　　　装帧设计：韩　飞

出版发行：化学工业出版社（北京市东城区青年湖南街13号　邮政编码100011）
印　　装：北京新华印刷有限公司
880mm×1230mm 1/32　印张4½　字数137千字　2023年11月北京第1版第1次印刷

购书咨询：010-64518888　　　　售后服务：010-64518899
网　　址：http://www.cip.com.cn
凡购买本书，如有缺损质量问题，本社销售中心负责调换。

定　　价：69.80元　

前 言

美国太空探索技术公司（SpaceX）的创始人和CEO埃隆·马斯克（Elon Musk）说过一句名言："在人工智能时代，人必须和机器融合，否则就将与时代脱节。"

人类要实现这一目标，无疑还有很长的路要走，广大科技工作者还需要做大量的工作。现在，人们意识到：在这些工作中，柔性电子技术的研发是不可或缺的，它是实现人机融合的一条重要途径。

柔性电子产品具有优良的柔性，使用的灵活性更好，使用范围更宽，在IT、能源、医疗、娱乐、国防等领域具有广阔的应用前景，可穿戴设备、柔性显示器、柔性太阳能电池等产品已经获得了应用。人们认为，在将来，柔性电子技术有可能引起一场技术革命，其影响涉及电子、材料、化学、化工、力学、纳米技术、机械设计与制造等多个学科。目前，它已经成为学术界的研究热点和前沿领域。

近些年来，柔性电子引起全世界的广泛关注，很多国家都竞相发展这一技术，因而它的发展十分迅速。

基于这种形势，本书对柔性电子技术涉及的三大领域——柔性材料、柔性器件、制造工艺进行介绍。

本书具有下面几个特点：

① 内容新颖：介绍了柔性电子技术最新的研究进展，读者可以了解这个领域的前沿信息。

② 内容贴近读者的日常生活：本书的很多内容都涉及读者平时看到、听到的话题、新闻等，既有很强的科学性，又有一定趣味性、可读性，能够引起读者的兴趣。

③ 图片丰富，图文并茂：常言说"一图胜千言"，本书包括大量图片，方便读者理解。

④ 突出广大科技工作者的创新精神和创新意识：本书和作者以前的著作一样，注重对读者的创新精神和创新意识的启迪。通过阅读本书，读者能够意识到科学精神和科学思维方法在科技发展中的决定性作用。

在本书的写作过程中，作者参考、引用了大量同行的研究成果和资料，在这里对他们真诚地表示感谢。

本书涉及多个学科领域的内容，受作者的知识水平所限，书中不足之处希望读者谅解并提出宝贵意见（Email：429665519@qq.com），以便作者将来加以改进和完善。

由 伟

目　　录

第一章　柔性电子技术概述

第二章　典型的柔性材料

第三章　柔性晶体管

第四章　柔性传感器

第五章　柔性存储器

第六章　柔性显示器

第七章　柔性电池

第八章　柔性电子制造工艺

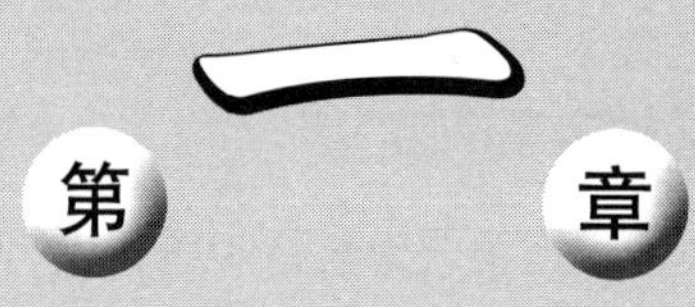

第一章 柔性电子技术概述

2019年4月8日，“努比亚”——深圳的一家新兴手机企业，发布了一款新产品——柔性屏手机，这种手机最大的特点是可以弯曲，能像手表一样戴在手腕上，具有多种功能，包括通话、微信、视频、智能手表功能等。

其实，正如很多人已经知道的：柔性屏手机只是众多柔性电子产品中的一种，其它的还有柔性显示器、柔性可穿戴设备、柔性电池等。人们普遍认为，在将来，柔性电子产品会给人们带来更多便利，使人们的工作和生活出现革命性的变化。

第一节 迷人的柔性电子产品

一、什么是“柔性电子产品”？

顾名思义，“柔性”指柔软，容易变形。我们现在使用的多数电子产品是刚性的，它们的形状是固定的，不能发生明显的变形。

柔性电子产品有很好的柔性，容易发生变形，如弯曲、卷曲、折叠、扭转、压缩、拉伸等，如图 1-1 所示。在发生变形后，产品仍可以正常工作。

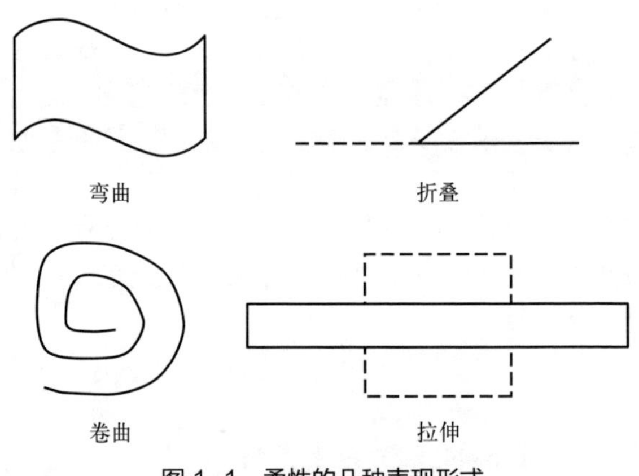

图 1-1 柔性的几种表现形式

二、柔性电子产品的特点

与刚性产品相比，柔性电子产品具有一些突出的特点。

1. 便携性好

柔性电子产品可以弯曲、折叠，所以有很好的便携性。

一个典型的例子是跑步：很多人有这样的体会——拿着手机跑步，感觉很别扭。如果手机成为柔性的，就可以戴在手腕上，那就方便多了。

2. 安全性好

柔性电子产品在发生碰撞、摔打等情况时，容易发生变形，却不容易折断或破碎，因为变形会吸收碰撞或摔打时的很多能量。

很多人读过《倚天屠龙记》，知道倚天剑和屠龙刀都是神兵利器，无坚不摧，但周芷若双手拿着它们互砍，结果二者双双折断。看到这里，相信很多人一方面会捶胸顿足，大骂周芷若是个败家子，毁了两件武林至宝；而另一方面，人们肯定又会百思不得其解：它们怎么会折断呢?

这是因为，倚天剑和屠龙刀互相撞击时，都会承受很高的冲击，如果它们的柔性好，就会发生变形，在变形过程中，它们会吸收很多能量，也就是能量会使刀、剑内部的化学键的方向发生改变，这样，化学键就不容易断裂，所以刀、剑也不容易折断。但是倚天剑和屠龙刀的硬度很高、刚性很好，不容易发生变形，也就是内部的化学键的方向不容易改变，这样，二者互撞时产生的能量作用在化学键上，就容易使化学键直接发生断裂，从而导致刀、剑折断，这就是我们经常说的“宁折不弯”。

另外，很多人也听说过，日系汽车不耐撞，容易变形，所以认为这是它的一个缺点。其实，如果从安全角度考虑，这是一个优点，因为：如果日系车和其它车辆相撞，当撞击比较轻微时，日系车容易发生变形，其它车辆仍可能安然无恙，这确实是日系车的一个缺点；但当撞击比较严重时，日系车发生的变形虽然会很大，但是却不容易断裂，而其它车辆却更容易发生断裂！这就是常说的“溃缩设计”或“溃缩吸能”。

所以，现在我们使用的手机、笔记本电脑如果掉到地上，很容易摔碎，而将来的柔性手机、柔性笔记本电脑等，就不容易摔碎，安全性更好。

3. 柔性电子产品的一些使用性能更优异

比如，对可穿戴电子产品来说，柔性产品有更好的舒适性和美感。测量人体的一些生理指标时，柔性传感器可以更好地贴合在皮肤表面，所以测量精度会更高。柔性电子产品的形状可以很复杂、尺寸更精细、精度更高，所以可以应用在多种场合，有更好的灵活性和适应性，用途更广泛，比如柔性太阳能电池，可以安装在多种形状复杂的物体表面。

三、意义和前景

很多业内人士认为，未来的电子产品的一个重要发展趋势是人机一体化，电子产品会和人体融为一体，成为人体不可分割的一个组成部分，从而实现更好的人机交互。柔性电子技术是实现这个目标的重要途径，未来的柔性电子产品有很强的智能性，能做到善解人意。比如，有人提出，未来人们会研制出一种智能化的柔性电子服装，它能够感知人体对外界环境的反应，并采取对应的措施——当天气比较寒冷时，人会打寒战，这种服装上安装的柔性传感器会感知到寒战，然后把信息传输给服装上安装的柔性处理器，柔性处理器会向服装里的柔性加热装置发出指令，为人体供应热量。

所以，柔性电子技术对电子行业的发展具有重要的意义，柔性电子产品和相关技术在通信、娱乐、医疗保健、能源、国防等领域具有广阔的应用前景。目前，柔性电子学（Flexible Electronics）已成为电子行业的一个新的分支，被认为是最有前景的电子技术之一，有望在 IT 领域引起一场技术革命。因此，近年来，柔性电子技术受到世界各国学术界、产业界、资本界的广泛关注，发展迅速。

第二节　柔性材料的特性

2021 年 7 月 24 日，在东京奥运会女子击剑比赛中，中国运动员林声以 15 比 6 的比分战胜一位塞内加尔运动员。在比赛中可以经常看到，击剑运动员使用的剑可以弯曲，也就是说柔性比较好，不像屠龙刀和倚天剑那样柔性很差。

柔性好、差只能定性地描述柔性，不能客观、准确地表示。应该用什么方法客观、准确地表示材料的柔性呢？也可以换个说法：柔性材料有什么特性呢？另外，在柔性电子产品中，对柔性材料的性质有什么要求？在本节中，就对这几个问题进行一些介绍。

一、材料的变形和断裂

在介绍柔性材料的特性之前，需要先说明材料在受到外部的作用力时会发生什么变化。

研究表明，材料在受到外力时，会发生三个阶段的变化——弹性变形、塑性变形、断裂，如图 1-2 所示。

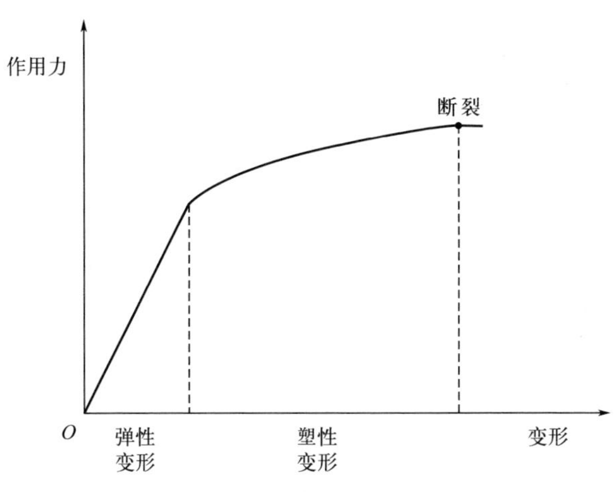

图 1-2　材料的变形和断裂

1. 弹性变形

（1）特点

当材料受到的外力比较小，低于某个临界值时，材料会发生弹性变形，尺寸和形状都会发生变化。

弹性变形的特点是可以恢复，也就是如果把外力消除，材料又能恢复到原来的尺寸和形状。

大家对弹性变形很熟悉：弹簧、橡皮筋、击剑比赛里使用的剑都可以发生弹性变形。

（2）胡克定律

在 17 世纪时，英国有一位著名的物理学家，叫罗伯特 · 胡克，他多才多艺，在多个领域中都取得了突出的成就，比如，他设计并制造了一台显微镜，用它观察到植物的细胞，这是人类历史上第一次观察到细胞，现在表示细胞的英文单词“cell”就是他提出的。他还发明、设计或制造了望远镜、真空泵、万向接头等仪器或装置，甚至在建筑设计方面也取得了重要的成就。另外，胡克对万有引力定律的发现也起了很大的作用，并和牛顿发生了严重的争执。由于他在多个领域都取得了成果，人们称赞他是“英国的达 · 芬奇”。

1678 年，胡克发现了弹性变形的重要规律：弹簧的伸长量和受到的作用力成正比，如图 1-2 中的“弹性变形”阶段所示。后来，人们为了纪念胡克的发现，就把这种现象以他的名字命名，叫作胡克定律。

胡克定律最重要的应用之一就是弹簧秤。

（3）弹性极限

我们都知道，用弹簧秤称物体时，物体的重量不能超过一定的值，因为只有在低于这个值时，弹簧发生的变形才是弹性变形，符合胡克定律，称出的结果才准确。

这一点，对所有材料都适用：如果想让材料只发生弹性变形，给它们施加的作用力不能超过一定的值，这个值叫弹性极限，它对应于图 1-2 中“弹性变形”阶段的最高点。材料的种类不一样，弹性极限值也不一样，比如，塑料的弹性极限值比较小，橡胶的弹性极限值比较大。

2. 塑性变形

当材料受到的作用力超过它的弹性极限，但低于另一个临界值时，材料除了会发生弹性变形外，还会发生另一种形式的变形，即塑性变形，如图 1-2 中的“塑性变形”阶段所示。

在这种情况下，材料发生的变形量会比较大，如果把外力去除，有一部分变形会恢复，这部分就是弹性变形。但是材料的尺寸和形状并不能完全恢复，还会保留一部分变形，这部分变形不能消失，属于一种永久性变形，这就是塑性变形。

很多人有这样的体会：拉弹簧时，如果用的力比较大，弹簧会被拉得很长，当松开手后，弹簧并不能完全恢复成原来的长度，而是比原来长一些。这就是因为弹簧发生了塑性变形。

由于塑性变形不能恢复，一般情况下，人们就认为材料发生了损坏。在 2018 年美国网球公开赛女单决赛中，美国名将小威廉姆斯（塞雷娜 · 威廉姆斯）为了发泄怒气，把自己的球拍摔得发生了塑性变形。有意思的是，这把球拍的命运却一波三折：比赛结束后，小威廉姆斯把它送给了一位小球童，小球童却把它转手卖了，价格是 500 美元。但令他意想不到的是，短短一年之后，这把球拍的身价就暴涨——在一家拍卖行，一位客户以2万多美元的价格把它买走了，足足是原来的40多倍！

虽然当材料受到的作用力超过它的弹性极限时，就会发生塑性变形，但是人们一般使用屈服极限作为发生塑性变形的标准，屈服极限的值比弹性极限稍微大一点。

屈服极限也是材料固有的性质，每种材料都有自己的屈服极限值，大小不同。

不论弹性变形还是塑性变形，具体的形式多种多样，如伸长、压缩、弯曲、扭曲等。

3. 断裂

如果材料受到的作用力很大，超过某个临界值时就会发生断裂。这个临界值叫强度极限，见图 1-2 中的“断裂”位置。

强度极限属于材料的固有性质，每种材料都有自己的强度极限值，也就是说材料的种类不同，强度极限值也不一样，有的大，有的小。比如，钢材的强度极限比较大，所以钢材即使受到很大的作用力，也不容易断裂，而塑料的强度极限比较小，受到的作用力即使比较小，也可能发生断裂。

二、材料的柔性

材料的柔性指材料发生变形（既包括弹性变形，也包括塑性变形）的难易程度。柔性好指材料容易发生变形。

在柔性电子技术中，“柔性材料”这个词有广义和狭义两种含义：狭义的“柔性材料”指容易发生塑性变形的材料；广义的“柔性材料”既包括容易发生塑性变形的材料，也包括容易发生弹性变形的材料。在柔性电子技术中，经常提到“柔性材料”和“可拉伸材料”（stretchable materials），实际上，这里的“柔性材料”指的是狭义的柔性材料，即容易发生塑性变形的材料，“可拉伸材料”指的就是容易发生弹性变形的材料。

下面，我们分别介绍可拉伸材料和狭义的柔性材料的特性。

1. 可拉伸材料

可拉伸材料最明显的特性就是弹性好，即容易发生弹性变形，具体体现在两个方面。

（1）弹性变形的难易程度

判断一种材料是否容易发生弹性变形，可以用弹性变形量与作用力的比值衡量：

$$弹性变形的难易程度=\frac{弹性变形量}{作用力}$$

上式的值越大，说明材料的弹性越好，因为：在作用力一定的情况下，材料发生的弹性变形量比较大；或在弹性变形量一定的情况下，材料需要的作用力比较小。反之，上式的值越小，说明材料的弹性越差，因为：在作用力一定的情况下，发生的弹性变形量比较小；或在弹性变形量一定的情况下，需要的作用力比较大。所以，在图 1–3 中，材料 1 的弹性比材料 2 的弹性好。

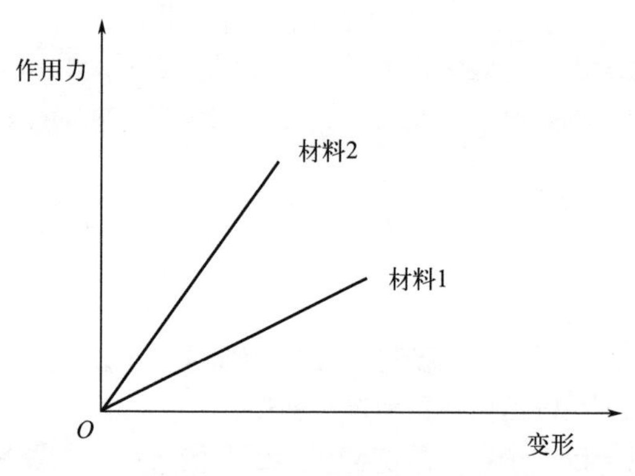

图 1–3　弹性变形的难易程度

（2）弹性极限

前面已经提到，弹性极限是材料发生弹性变形的上限，所以，弹性好的材料，它们的弹性极限值也应该比较高。这样，一方面，材料能产生的弹性变形量比较大；另一方面，材料即使受到较大的外力，也只能发生弹性变形，而不会发生塑性变形或断裂。

橡胶是常见的弹性好的材料，足球、篮球的球胆基本都是用橡胶制造的。2022 年卡塔尔世界杯足球赛使用的足球是阿迪达斯公司制造的，国际足联介绍说，这种球是“历届世界杯中飞行速度最快的足球”，这和它的弹性有很大的关系。

2. 狭义的柔性材料

狭义的柔性材料就是塑性材料，最明显的特性就是塑性好，即容易发生塑性变形，主要体现在以下三个方面。

（1）塑性变形的难易程度

判断一种材料是否容易发生塑性变形，也可以用塑性变形量与作用力的比值衡量：

$$\text{塑性变形的难易程度} = \frac{\text{塑性变形量}}{\text{作用力}}$$

它的含义和弹性变形的难易程度相同：值越大，说明材料的塑性越好，因为在作用力一定的情况下，发生的塑性变形量比较大，或在塑性变形量一定的情况下，需要的作用力比较小；反之，上式的值越小，说明材料的塑性越差，因为在作用力一定的情况下，发生的塑性变形量比较小，或在塑性变形量一定的情况下，需要的作用力比较大。

（2）屈服极限

屈服极限是材料发生塑性变形的下限。塑性好的材料，它们的屈服极限值应该比较低，这样，材料只需要比较小的外力就可以发生塑性变形。

（3）强度极限

强度极限是材料发生塑性变形的上限。塑性好的材料，它们的强度极限值应该比较高，这样，材料即使受到较大的外力，也只能发生塑性变形，而不会发生断裂。

所以，理想的塑性材料是屈服极限尽量低、强度极限尽量高的材料，这种材料能产生的塑性变形量比较大。

金是塑性最好的金属，所以自古以来，人们经常把金加工成很薄的金箔或很细的金线，特别薄的金箔甚至可以是半透明的。大家熟悉的“金缕玉衣”是用很细的金线和玉片缝制的。我国的南京有 2500 多年的金箔制作历史，南京金箔（也叫金陵金箔）素来享有盛名，被称为“中华一绝”。2006 年，“南京金箔锻制技艺”被列入“国家级非物质文化遗产”名录。

3. 衡量柔性的指标

人们一般用拉伸率和弯曲半径衡量材料的柔性，包括弹性（或可拉伸性）和塑性。

（1）拉伸率

拉伸率也叫延伸率、伸长率等，是材料的伸长量与原长度的比。

$$拉伸率 = \frac{拉伸后的长度 - 原长度}{原长度}$$

比如，如果一根材料的原长度是 100mm，拉伸后变为 120mm，它的拉伸率就是（120−100）/100=20%。

可以看出，材料的拉伸率越大，表示它的弹性（或可拉伸性）或塑性越好，即柔性越好，如图 1–4 所示。

图 1–4　材料的拉伸

（2）弯曲半径

弯曲半径主要用来描述材料的弯曲变形程度。在施加的作用力相同时，如果材料发生的弯曲变形较小，它的弯曲半径值就较大，材料的柔性较差，如图 1–5（a）所示；反之，如果材料发生的弯曲变形较大，它的弯曲半径值就较小，材料的柔性就比较好，如图 1–5（b）所示。

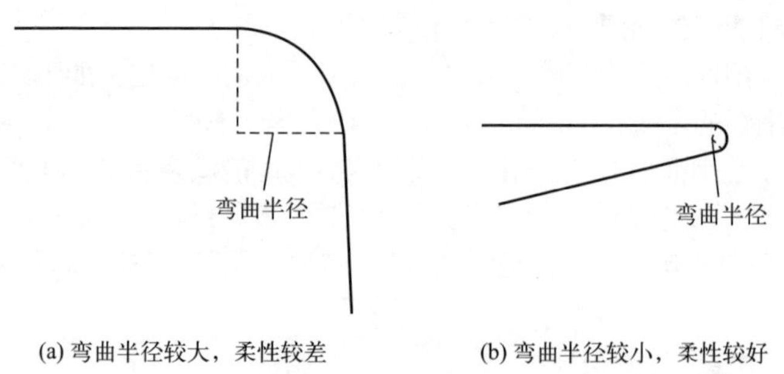

(a) 弯曲半径较大，柔性较差　　(b) 弯曲半径较小，柔性较好

图 1–5　弯曲半径

对柔性手机的屏幕来说，一般要求它的弯曲半径要达到 1 ~ 5mm 或更小。

三、材料的其它性质

在实际使用中，除了柔性（弹性或塑性）之外，经常要求柔性材料具有其它一些性能，比如较高的强度极限、硬度，以及良好的韧性、疲劳性能、耐腐蚀性、耐热性、环保性等。

1. 强度极限

强度极限反映材料抵抗断裂的能力。要求柔性材料在使用过程中，不能发生断裂，否则会造成零部件破坏、产品失效，严重时还会发生安全事故。

在撑竿跳高比赛中，运动员要利用撑竿的良好弹性越过横杆，但有时候，撑杆会由于受到的作用力超过它的强度极限而发生折断，使运动员试跳失败甚至受伤。即使在奥运会、世界田径锦标赛这样的重大比赛中也经常发生这种事情，比如，在 2012 年伦敦奥运会中，古巴运动员博格斯的撑竿就发生了折断。

对柔性手机屏幕来说，一般要求屏幕向下从 90cm 的高度（相当于裤子口袋的高度）落下时，不能发生破裂。

2. 硬度

柔性材料的硬度一般比较低，但是有的柔性材料对硬度有一定的要求，因为在硬度较高时，材料的耐磨性好，使用寿命长。

3. 韧性

我们经常听到“韧性”和“柔韧性”这两个词，实际上柔性和韧性存在很大的关系，一般来说，柔性好的材料韧性也比较好。

但是，柔性和韧性也存在区别：前面提到，柔性代表材料发生变形的能力，而韧性表示材料受到冲击作用时抵抗断裂的能力。韧性和我们熟悉的“脆性”是一对“反义词”：韧性好的材料脆性低，韧性差的材料脆性高。多数金属、塑料、橡胶等材料的韧性比较好，脆性低，而玻璃、陶瓷、粉笔等的韧性很差，脆性高。

我们知道，韧性对很多材料和产品都很重要，手机屏、翡翠手镯掉到地上可能会摔碎，就是因为它们的韧性差。

4. 疲劳性能

疲劳指材料反复受到外力时，即使外力不大，但时间长了之后，仍会发生破坏的现象。

1949 年，英国的德 · 哈维兰公司（De Havilland）研制了世界第一架喷气式民航客机——“彗星”（Comet）号，成为当时最先进的喷气式客机。但是，在 1953 年至 1954 年短短的一年时间里，“彗星”客机竟连续发生了 3 次坠毁事故，一共造成 68 人遇难。调查发现，事故的原因是它使用的金属材料由于疲劳产生了裂纹。

其实，材料的疲劳和人的疲劳很像，都是由工作时间过长引起的。

柔性材料在使用过程中会发生多次变形，比如弯曲、折叠等，经过一段时间或一定次数后，就可能发生断裂。所以，柔性材料需要具备较好的疲劳性能，对柔性电子产品来说，这是一项重要性能，它决定了产品的使用寿命。

对折叠屏手机的屏幕来说，一般要求它的疲劳性能要达到能承受 20 万次折叠。它的依据是使用寿命为 5 年，每天的折叠次数是 100 次左右。

5. 其它性能

柔性材料还需要具备其它一些性能，如耐腐蚀性、耐热性、生物相容性、环保性等。

有的柔性电子产品长期在腐蚀性环境下工作，这就要求柔性材料有较好的耐腐蚀性。对可穿戴产品来说，要求柔性材料能抵抗人的汗液对它们的腐蚀。

有的产品长期在高温下工作，高温会使材料的强度极限以及电性能等发生变化，也会使有机材料发生分解、熔化等，引起失效甚至断裂，所以要求柔性材料有较好的耐热性。

对柔性可穿戴产品来说，还要求柔性材料有较好的生物相容性，对人体无毒无害，而且让人感到较好的舒适性等。

近年来，人们越来越关注环保问题，电子产品的更新换代很频繁，使用周期越来越短，柔性材料的用量越来越多，所以要求柔性材料有较好的环保性，无论在制造、使用过程中，还是废弃之后，都尽量不对环境产生危害。

第三节　柔性电子技术的发展与未来

一、柔性电子技术的发展

柔性电子技术的发展始于 20 世纪 60 年代：1967 年，英国皇家空军研究院用塑料做衬底，制造了一块柔性太阳能电池板，安装在人造卫星上。这是全世界第一件柔性电子产品，代表了柔性电子技术的起源。后来，研究者又用其它聚合物、金属箔等材料做衬底，研制了多种柔性太阳能电池。

从 1968 年开始，研究者用塑料、铝箔、不锈钢箔等材料做衬底，研制了多种柔性薄膜晶体管，用于电子产品中。

1992 年，美国加州大学的科学家成功研制了柔性 OLED 显示器，从那之后到现在，柔性显示器成为人们最期待的柔性电子产品之一。

在 20 世纪 90 年代，柔性电子技术发展十分迅速，出现了多种产品，而且开始向实用化方向发展，尤其是在民用领域。所以在 2000 年，基于蓬勃发展的趋势和未来的前景，美国著名的《科学》（*Science*）杂志把柔性电子技术评为当年世界十大科技成就之一，和当时轰动全世界的人类基因组计划、克隆技术等成果并列。

进入 21 世纪后，柔性电子技术的发展呈现出多个趋势：一是面向实际应用，实现商业化，如柔性太阳能电池、柔性显示器等；另一个趋势是研制多功能集成的产品，比如，2010 年美国宾夕法尼亚大学的研究者研制了一种柔性医疗仪器，可以方便、准确地测量人体的一些生理指标。

2010 年，在全球电子技术领域内享有盛名的《电子工程时代》（*EE TIMES*）杂志把柔性电子技术评选为“全球十大新兴技术”之一。

二、柔性电子技术的国家发展战略

基于柔性电子技术的发展前景，世界各国对它都十分重视，投入大量人力、资金进行支持。美国总统奥巴马在 2012 年做的《美国总统经济报告》中，把柔性电子技术列为优先发展方向之一。欧盟在“第七框架计划”（FP7）等项目中，也把柔性电子技术列为重要的发展方向。2009 年 12 月 7 日，英国发布了题目为“塑料电子：走向成功的英国战略”的柔性电子发展战略，把柔性电子技术列为先进制造技术的首位。2011 年，日本成立了先进印刷电子技术研发联盟，调动多方力量，包括政府、学术界、产业界，发展柔性电子技术。韩国提出了“绿色 IT 国家战略”，据报道，单在 2010 年，即投入了 720 亿美元资金用于柔性电子技术的发展，重点是柔性显示技术。我国对柔性电子技术的发展也十分重视，科技部在“十二五”规划、“973”计划、“863”计划中，国家自然科学基金委员会在“十二五”“十三五”“十四五”等规划中，都把柔性电子技术列为重要的发展方向，进行大力度的支持。

在各国政府的支持下，学术界和产业界也积极投入到柔性电子技术的发展中，近年来，包括一些世界著名大学如哈佛大学、剑桥大学、普林斯顿大学在内，很多大学都建立了专门的柔性电子技术研究机构，很多著名的大型跨国企业如 IBM、飞利浦、LG、索尼、夏普、三星、通用等也投入大量人力和资金，促进柔性电子技术的产业化。

三、柔性电子技术的发展前景

目前，柔性电子技术的发展仍处于起步阶段，很多方面都不成熟，但它已经表现出广阔的发展前景和巨大的发展潜力。比如，柔性太阳能电池已经在美国、澳大利亚等多个国家获得实际应用；柔性 OLED 显示屏也越来越多地应用到手机、电脑、仪表等产品中，据报道，苹果 2024 款 iPad 也会使用它。

IDTechEx 是英国一家著名的市场调查公司，主要从事新技术领域（如 3D 打印、5G 通信、新材料、生命科学、柔性电子等）的市场分析，为客户提供市场研究和调查报告，帮助客户进行投资等方面的决策，在全世界享有盛誉，受到客户的认可。它对柔性电子产业的发展情况进行过统计：2008 年，在全球市场上，柔性电子产品的销售额只有 15.8 亿美元，2018 年就达到了 470 亿美元。它估计在 2028 年，销售额将达到惊人的 3010 亿美元！如图 1-6 所示，发展速度呈指数型增长。

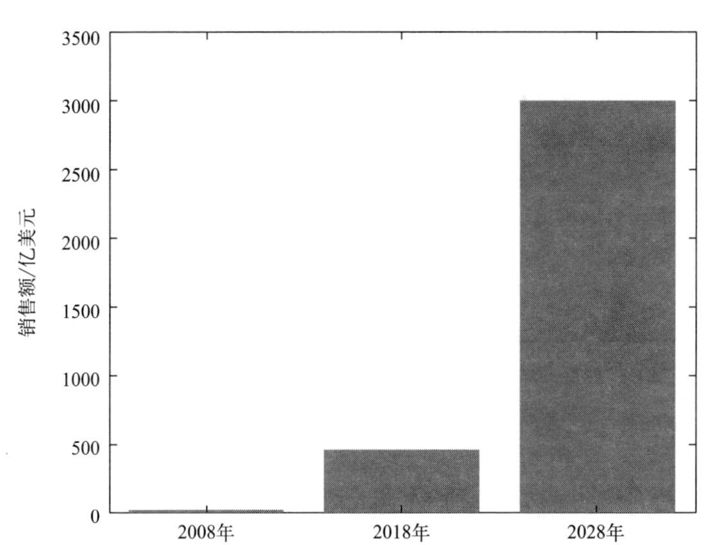

图 1-6　柔性电子产品在全球市场的销售额

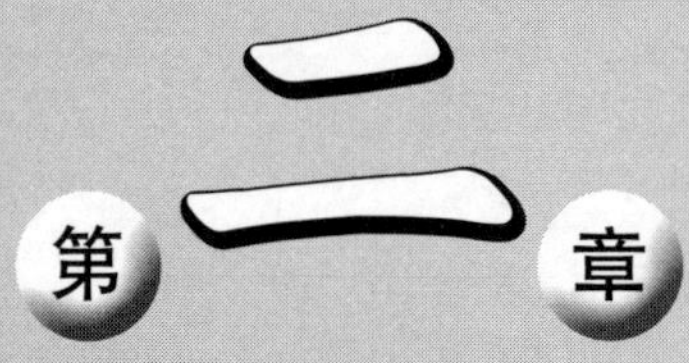

典型的柔性材料

根据化学成分，材料可以分为金属材料、高分子材料、无机非金属材料、复合材料等类型，其中一些材料的柔性很好，比如服装使用的高分子材料（敦煌壁画中的“飞天”很好地反映了这点。可以看到，她们的身姿轻盈，衣裙随风飘舞，让人感觉如梦如幻）。

柔性电子产品一般由基板、互联导体、电子元器件和封装层等部分组成，如图 2-1 所示。

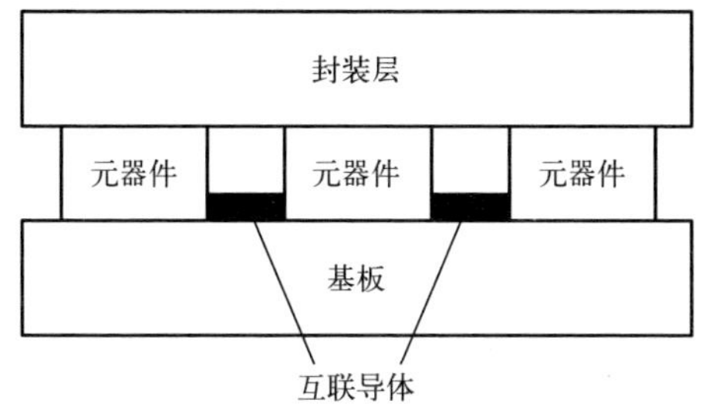

图 2-1　柔性电子产品的结构

这些组成部分使用多种类型的柔性材料，既包括高分子材料，也包括其它类型的材料。在本章中，分别对基板、互联导体和封装层使用的柔性材料进行介绍，电子元器件使用的柔性材料将在后面的章节中介绍。

第一节　柔性基板材料

一、IT 行业的基石——电子基板

基板也叫衬底，是电子产品中应用最广泛的部件之一。电子元器件，包括芯片等部件都要安装在基板上，基板对它们起到固定和支撑作用，有的基板还具有导电、传递信号、传热散热以及电磁屏蔽等作用。

按照用途，基板可以分为封装基板（也叫第一级基板）、印制电路板（简称 PCB，也叫第二级基板）、组装母板（也叫第三级基板）等类型，如图 2-2 所示。

封装基板是单个电子元器件使用的基板，印制电路板是电路系统使用的基板，组装母板是组装整机使用的基板。

基板是电子产品必不可少的部件，它的质量会直接影响电子产品的性能，所以，人们把基板称作电子产品乃至整个 IT 行业的基石，是 IT 产业持续发展的重要基础和保障。

电子基板
- 封装基板（第一级基板）
- 印制电路板（第二级基板）
- 组装母板（第三级基板）

图 2-2　电子基板的类型

二、柔性基板材料的性能

目前，多数柔性电子产品是把刚性的元器件组装到柔性基板上。柔性基板材料的性能主要有下面一些特点。

① 柔性好：容易发生弹性变形或塑性变形，包括弯曲、卷曲、折叠、拉伸等形式。

② 强度高：在使用过程中不容易发生断裂、破坏。

③ 韧性好（即脆性低）：受到冲击作用比如摔打、碰撞时，不容易发生断裂。

④ 抗疲劳性好：产品在使用过程中，经过多次反复变形，也不会发生疲劳、断裂，产品的使用寿命长。

⑤ 具有特定的电学、光学等性能：有的柔性基板材料具有特定的电学和光学性能，如绝缘性、透明性等，而且发生变形后，这些性能也能保持稳定。

⑥ 耐热性（也叫热稳定性）好：柔性基板材料有足够的耐热性，在制造和工作过程中，能承受高温，不会发生分解、熔化等。

⑦ 化学稳定性好：柔性基板材料在加工和工作过程中不能发生分解、破坏，也不能和其它相关材料发生化学反应，还能承受其它物质如空气中的水分、氧气等的腐蚀。

⑧阻隔性好：对周围的水分、氧气有足够的阻隔能力，从而避免它们对基板本身及电子元器件的不利影响。

⑨ 表面平整度高：基板的表面平整度对电子元器件的电性能影响较大，所以需要较高的平整度。

⑩ 质量轻、厚度薄：能提高产品的便携性。

⑪ 成本低：材料容易得到，价格低廉。

⑫ 易加工：可以使用当前主流的制造工艺进行大规模、高效率、低成本的加工、生产。

三、柔性基板材料的类型

1．超薄玻璃

在我们的印象中，玻璃的柔性很差，是典型的刚性材料。实际上，并不是所有的玻璃都是这样的，当玻璃比较薄——厚度在几百微米（μm）以下时，柔性就比较好了，可以弯曲。所以在电子行业里，人们经常用玻璃薄板作为柔性基板。“几百微米”到底是多薄呢？可以对比我们的头发来理解：我们的头发直径一般是 70μm 左右，所以当玻璃薄板的厚度大概是几根头发排在一起的宽度时，柔性就比较好了。

由于玻璃薄板的柔性好，所以抗摔能力也比较好，可以制造不怕摔的手机。另外，这种手机也更加轻薄，携带更方便。

在柔性超薄玻璃行业里，著名的企业有美国康宁（Corning）公司、德国肖特（Schott）集团等。在 2022 年第五届中国国际进口博览会上，肖特集团展示了自己的最新产品——超薄柔性玻璃（ultra-thin glass，UTG），这种玻璃的厚度只有 16μm，柔性特别好，弯曲半径可以小于 1mm。

之前，肖特集团实现量产的柔性超薄玻璃的弯曲半径是 2mm，可以实现对折，而且能承受几十万次的反复对折而不会发生破裂。据报道，多个品牌的折叠屏手机都使用了这种玻璃。比如，小米折叠屏机型 MIX Fold 2 的内屏的玻璃，厚度只有 30μm，弯曲半径是 2.1mm，机身重量减轻了 35%。2022 年 4 月 11 日上市的 vivo 首款折叠屏手机 vivo X Fold 的盖板也使用了肖特集团的超薄玻璃。韩国三星公司的手机也在使用肖特集团的产品。

超薄玻璃的制造工艺比较复杂，包括成分设计、成型、减薄、强化处理等环节。

（1）成分设计

玻璃的化学成分对它的性能具有根本性的影响，所以，要想让玻璃具有良好的柔性，首先需要设计合适的化学成分。德国肖特集团的创始人奥托·肖特不仅是出色的企业家，更是一位杰出的化学家，被称为“现代玻璃材料科学之父”。在创办肖特集团之前，他一直在蔡司公司从事光学玻璃的化学成分研究，研制了多种新型玻璃。

肖特集团为 vivo 折叠屏手机提供的盖板玻璃的化学成分很特殊：除了传统的二氧化硅外，还含有锂、铝、硼等元素。因此，这种玻璃的强韧性比其它玻璃好很多，抗摔性很好，而且硬度也更高，具有很好的抗划伤性。

（2）成型工艺

超薄玻璃的成型工艺比较多，不同企业使用的工艺不同，属于商业机密，具体的细节不会向外透露。

① 美国康宁（Corning）公司和日本电气硝子公司（Nippon Electric Glass，NEG）使用的工艺叫溢流下拉法，这种工艺是由康宁公司发明的。如图 2-3 所示，它是把原料熔化后，让玻璃熔液进入溢流槽，在槽里充满后，熔液就从槽两边向外溢，并沿着锥形部分向下流，到达锥形部分最下面的顶点时，两侧的熔液融合在一起，形成超薄的玻璃板。

康宁公司用这种工艺制造了第四代大猩猩玻璃（Gorilla Glass 4），它是专门用来制造手机屏幕的。康宁公司在手机样机上安装了这种玻璃，然后进行了抗摔性测试，结果表明，让手机从高处掉落二十次后，屏幕仍完好无损。

② 德国肖特集团使用的工艺叫狭缝下拉法，这种工艺也是该公司自己发明的。如图 2-4 所示，它是把原料熔化后，把玻璃熔液导入一

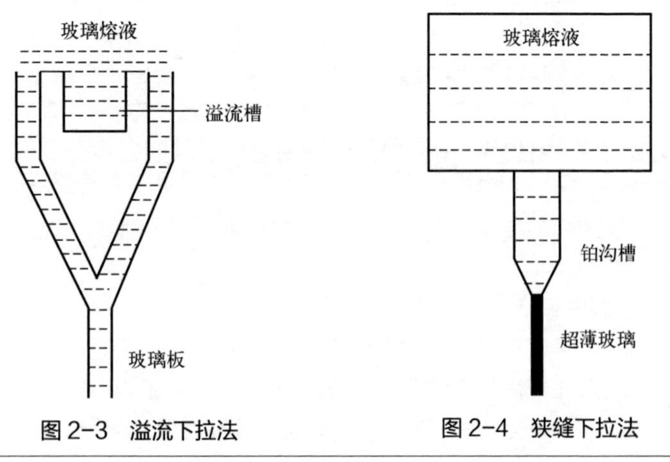

图 2-3　溢流下拉法　　　图 2-4　狭缝下拉法

个用铂制造的沟槽里，沟槽的下部有一条很窄的狭缝，玻璃熔液从这个狭缝里流出，利用自身的重力和拉引设备的拉力，形成超薄玻璃。

肖特集团用这种工艺，可以批量生产厚度在 50μm 以下的柔性超薄玻璃。

③ 日本旭硝子玻璃公司（AGC）使用浮法技术生产超薄玻璃，这种方法是目前制造平板玻璃常用的技术。如图 2-5 所示，把原料熔化后，玻璃熔液流到熔融的锡池的表面，在上面冷却，形成玻璃板。

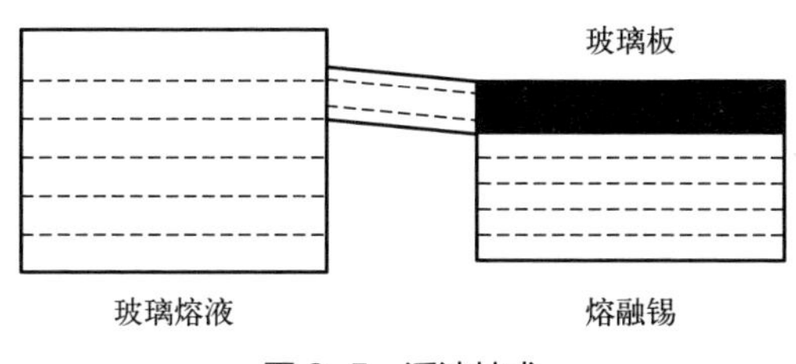

图 2-5　浮法技术

（3）减薄工艺

上面几种工艺可以直接生产柔性超薄玻璃，属于一次成型工艺，但是它们的难度很高，只有少数企业掌握了相关技术。其它多数企业都使用比较简单的二次成型法生产超薄玻璃，就是先生产较厚的玻璃板，然后进行减薄，得到超薄玻璃。

减薄工艺主要包括化学减薄和物理减薄，其中，化学减薄使用较多，它是用酸性溶液（如氢氟酸）腐蚀玻璃表面，使它的厚度减小。

（4）强化工艺

我们知道，玻璃的脆性很高，受到碰撞、摔打时很容易破碎。为了克服这个缺点，人们采用了一些措施，提高柔性超薄玻璃的强度和韧性。常用的措施有物理强化、化学强化和机械强化（如层压法）等。其中，化学强化的综合效果最好，在超薄玻璃中应用最广泛。化学强化法是把玻璃浸泡在一些化学物质的熔液中，这些化学物质中含有尺寸较大的碱金属离子（如钾离子），这些离子在高温下会渗透到玻璃内部，把玻璃内部一些尺寸较小的碱金属离子（如钠离子）“挤”出去，如图 2-6 所示。

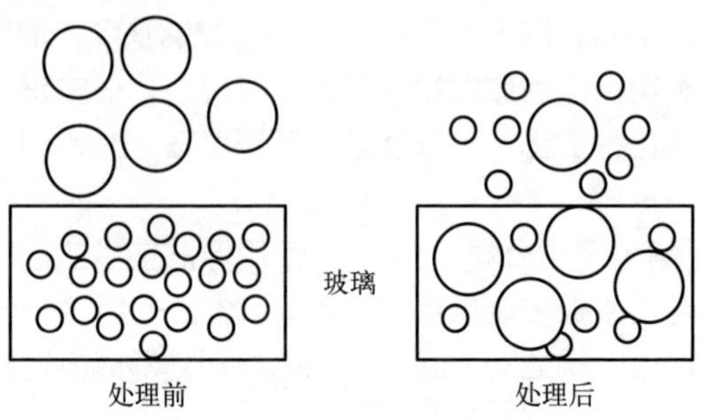

图 2-6　化学强化法的示意图

经过化学强化后，玻璃的体积会发生一定的膨胀，这种膨胀会有效地提高玻璃多方面的性能，包括强度、韧性、硬度等，这使得产品的抗摔性、疲劳性都有明显提高。比如，在抗摔性测试中，人们经常用可承受的摔落高度衡量玻璃的抗摔能力。德国肖特集团制造的超薄玻璃经过化学强化后，可承受的摔落高度是普通玻璃的两倍。据报道，小米折叠屏机型 MIX Fold 2 的内屏强度比以前提高了 2.25 倍。

在疲劳性方面，据报道，2022 年 6 月，使用肖特集团生产的超薄玻璃的折叠屏手机经受了超过 30 万次的折叠，仍没有发生破坏，在这个领域创造了一项世界纪录。

在硬度方面，经过化学强化后，超薄玻璃的硬度也获得了提高，产品能更好地抵抗磨损、划伤等危害，所以，有人曾预言，在将来超薄玻璃有可能会取代一些价格昂贵的高硬度材料，如蓝宝石、陶瓷等。

超薄玻璃的透明度、绝缘性、表面光滑度、耐热性、耐腐蚀性、阻隔性都很好，而且重量轻、体积小，所以未来的应用前景很好。以手机为例，市场调查机构 Counterpoint Technology Market Research 预计，2023 年，在全球市场上，折叠屏手机的销量能够达到 3000 万台，而且会逐年增长。

2. 金属箔

金属箔的柔性比较好，尤其当厚度小于 100μm 时，柔性更好，而且金属的强度高、韧性好，不容易发生破坏，比玻璃和有机材料的使用寿命长。这是因为金属的微观结构比较特殊。在金属的内部，金属原子的最外层电子可以在金属的内部自由运动，这些电子叫自由电子，如

图 2-7 所示。金属离子和自由电子会形成一种特殊的化学键，叫金属键。金属键没有方向性，当金属发生变形时，金属离子的位置可以发生转动，而金属键并不会发生断裂，所以，金属的柔性比较好。

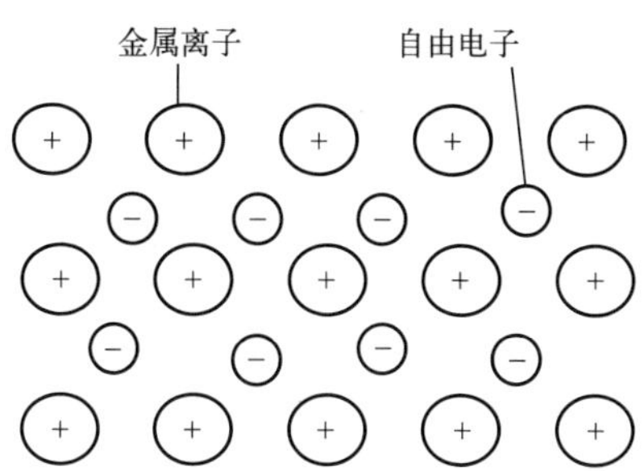

图 2-7　金属的微观结构示意

另外，金属的耐热性、阻隔性等也比较好，还有很好的散热性和电磁屏蔽性。

在柔性基板中，不锈钢箔、铝箔、铜箔等金属箔使用比较多，其中，不锈钢箔的耐腐蚀性特别好，在柔性太阳能电池中应用很多。我国宝武太钢集团研制了一种超薄不锈钢箔，它的厚度很薄，甚至可以用手撕开，人们把它称为“手撕钢”。

金属箔的缺点是绝缘性差、透明度低，另外，表面光滑度也比较低，在使用前需要进行专门的处理，提高光滑度。

3. 高分子材料

高分子材料也叫聚合物，比如塑料、橡胶等，它们是由长链状的分子构成的，图 2-8 是它们的显微结构示意图。

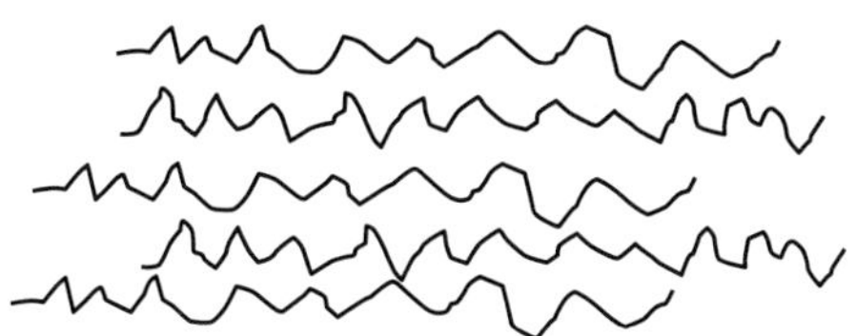

图 2-8　高分子材料的显微结构示意图

这些长链状的分子的柔性很好，所以高分子材料的柔性也很好。多数高分子材料的耐腐蚀性、绝缘性、透明性也比较好，而且成本低、容易加工，所以在柔性电子产品中应用很广泛，目前很多产品的柔性基板是用聚合物制造的。

聚合物的种类很多，各自的性能存在差异，目前应用较多的聚合物有聚酰亚胺（PI）、聚对苯二甲酸乙二醇酯（PET）、聚二甲基硅氧烷（PDMS）、聚碳酸酯（PC）等。其中，聚酰亚胺具有多种优异的性能，比如强度高、耐热性好（可达 400℃）、绝缘性好，并且无毒无害、生物相容性好，合成方法灵活多样，所以在很多行业如微电子、航空航天、光电器件、化工等领域应用广泛，国外把它称为“问题终结者”（problem solver）。据报道，美国制造的超声速客机中，使用了大量聚酰亚胺。

在柔性电子产品中，人们经常用聚酰亚胺薄膜制造柔性基板，如柔性太阳能电池、柔性显示器、柔性集成电路等。

聚酰亚胺最大的不足是和其它聚合物材料相比，成本比较高。目前在我国，高端的聚酰亚胺薄膜主要依赖进口。另外，目前的聚酰亚胺薄膜一般都是黄褐色的，这导致它们的透明度比较低，限制了它们的应用。为了改善这一点，日本 ENEOS 公司开发了一种新的原材料，叫脂环族酸二酐，用它合成的聚酰亚胺是无色透明的，而且耐热性很好，可以用于 OLED 显示器。这种产品已经在 2018 年 12 月实现了工业化生产并进行销售。

聚二甲基硅氧烷（PDMS）是一种以硅氧键为主链的高分子材料，如图 2-9 所示。

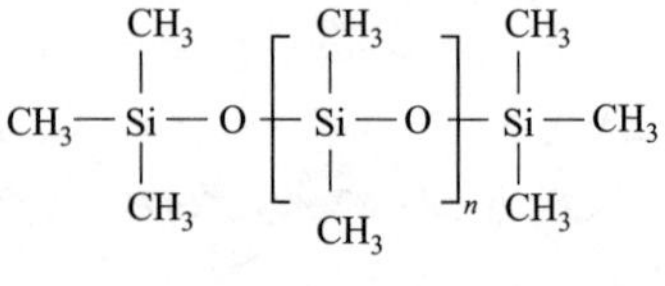

$$CH_3-\underset{CH_3}{\overset{CH_3}{\underset{|}{\overset{|}{Si}}}}-O-\left[\underset{CH_3}{\overset{CH_3}{\underset{|}{\overset{|}{Si}}}}-O\right]_n-\underset{CH_3}{\overset{CH_3}{\underset{|}{\overset{|}{Si}}}}-CH_3$$

图 2-9　聚二甲基硅氧烷（PDMS）的分子结构

聚二甲基硅氧烷（PDMS）最大的特点是弹性比较好，适合制造可拉伸器件。另外，它还有一种特殊的性质，叫疏水性：水在它的表面和在荷叶表面一样，不会展开，而是会变成小球，如图 2-10 所示。

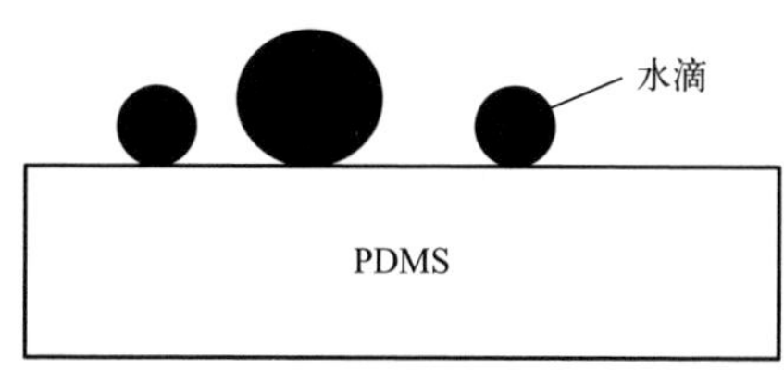

图 2-10 PDMS 的疏水性

疏水性实际就是对水分有排斥作用，另外，PDMS 对其它物质如油污、灰尘等也有排斥作用。这种性质使得水分、油污、灰尘等不容易黏附在 PDMS 的表面上，所以 PDMS 有很好的防水、防潮、防腐蚀性，而且表面清洁。

另外，PDMS 有很好的绝缘性、透明性和耐热性，使用寿命很长。

Ecoflex 也是一种弹性较好的聚合物，它是由德国巴斯夫（BASF）公司研制的，而且可以生物降解。

与金属箔等材料相比，聚合物的主要缺点是强度低、耐热性差，容易损坏，对水和氧气的阻隔能力也较差。

第二节 柔性导电材料

在电子产品中，导体是不可或缺的，包括互联导体和电极。在柔性电子产品中，柔性导体材料是重要的组成部分。目前，柔性导体材料主要包括下面的种类。

一、金属

金属是传统的导体材料，常用的金属导体有铜、铝、银、金等。金属材料的优点是导电性好，而且强度高、韧性好，所以在电子产品里应用很广泛。

很多人都听说过，可以从废旧电路板里提炼金、银等贵金属。据报道，在 2021 年东京奥运会的奖牌里使用的金、银、铜就是用这种办法得到的：从 2017 年开始，日本回收了 79000t 小家电、621 万部旧手机，从这些废旧电子产品里，一共提取出 32kg 黄金、3500kg 银和 2200kg 铜！

金属的柔性比聚合物低，另外，金、银等的价格昂贵，成本很高。

二、导电高分子

2000 年 10 月 10 日，瑞典皇家科学院宣布：美国科学家艾伦 · 黑格、艾伦 · 马克迪尔米德和日本科学家白川英树共同获得 2000 年诺贝尔化学奖，以此来表彰他们在导电高分子领域取得的成就。

在人们的传统观念里，高分子材料都是绝缘体，很多常用的绝缘产品都是用高分子材料制造的，比如电缆的绝缘外皮、绝缘手套、绝缘垫等。但是，这三位科学家颠覆了人们的传统观念——有的高分子材料是导体。

从表面看，导电高分子材料的发现具有很大的偶然性。1967 年的一天，日本筑波大学的老师白川英树在指导学生做化学实验，内容是制备聚乙炔。这个实验需要使用催化剂。本来，只需要使用微量的催化剂就可以，比如几毫克。但学生不小心加入了过量的催化剂，他可能在称量时把单位“克”错误地当成了“毫克”——这样，加入的催化剂比计划的用量多 1000 倍！结果，反应结束后，他们发现得到的产物和他们预想的不一致：他们本来预想的是得到黑色的聚乙炔，但得到的却是银白色的聚乙炔，而且有很强的光泽，看着和金属一样。

白川英树并没有把这个产物当成垃圾扔掉，而是敏锐地意识到，这可能是一种新材料，因此开始饶有兴趣地对它进行研究，后来还和两位美国科学家艾伦 · 马克迪尔米德和艾伦 · 黑格合作研究。1976 年，他们发现，在这种聚乙炔里掺入少量碘之后，它具有了优异的导电性。

掺杂碘的聚乙炔是人类发现的第一种导电高分子材料。后来，人们又发现其它一些高分子材料如聚噻吩、聚吡咯、聚苯胺等加入掺杂剂后也可以导电，甚至有的高分子在比较低的温度下具有超导性。

导电高分子材料有优良的柔性，所以是理想的柔性导体材料。而且很多导电高分子材料的导电性对温度、湿度、气体和杂质等因素很敏感，所以很适合制造高灵敏度的柔性传感器。

需要说明的是，目前人们发现的导电高分子材料的导电稳定性比较差，而且成本比较高，所以还难以实现大规模应用。目前，人们一般使用其它方法克服这些缺点，常用的一种方法是制造高分子复合材料，就是用普通的不导电的高分子材料为基体，在里面加入一些导电性好的材料，比如金属微粒、纤维或薄片，如图 2-11 所示。

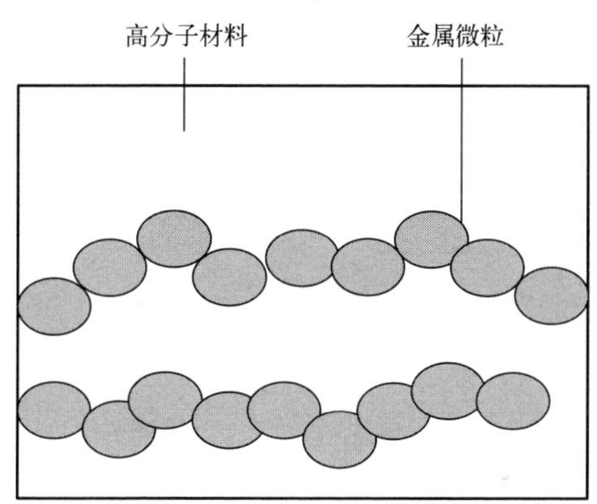

图 2-11　高分子导电复合材料

三、柔性纳米导电材料

石墨烯、碳纳米管（图 2-12）等纳米材料既有很好的导电性，也有很好的柔性，而且具有很多其它的优异性质，如强度高、耐腐蚀性好、耐热性好，所以，可以用它们制造优良的柔性导电材料。而且它们既可以单独使用，也可以加入其它材料中，制作复合导电材料，比如高分子 - 碳纳米管或高分子 - 石墨烯复合材料，已经在航空航天等领域获得了应用。

四、导电油墨

导电油墨是把具有导电性的微粒加入到一些液体里制备的导电材

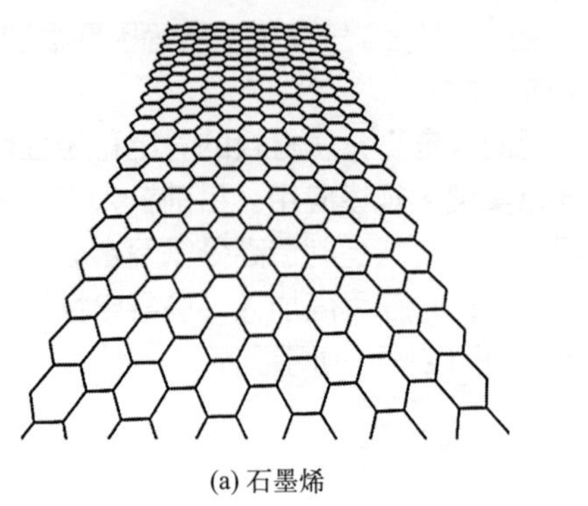

(a) 石墨烯

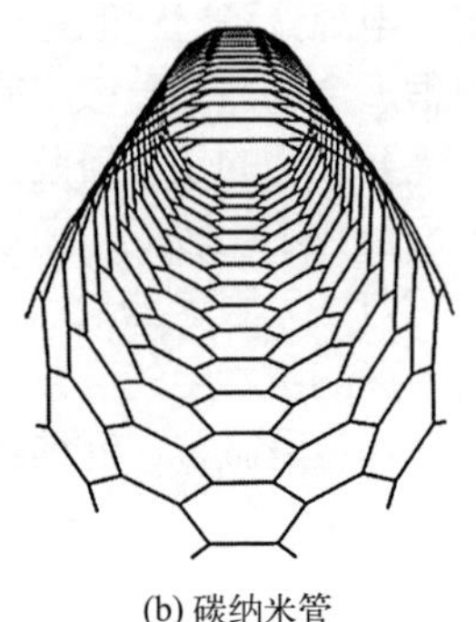

(b) 碳纳米管

图 2-12　石墨烯和碳纳米管的结构示意图

料。液体可以使用水、乙醇、异丙醇等。常见的导电油墨有下面的类型。

1. 导电银浆

导电银浆就是用很细小的银粉末作为导电材料，加入到溶剂里制备的导电油墨。

导电银浆是一种传统的导电油墨，使用很广泛。

2. 透明导电氧化物纳米油墨

这种油墨使用的导电材料是透明的导电氧化物（transparent conductive oxide，TCO）纳米微粒，如氧化铟锡（ITO）、掺杂铝的氧化锌（AZO）、掺杂氟的氧化锡（FTO）等。

透明导电氧化物纳米油墨的优点是既有好的导电性，又具有很好的透明性，适合制造对透明度要求高的导电产品，如太阳能电池和显示器使用的透明电极等。

3. 金属纳米线导电油墨

这种油墨的导电材料是金属纳米线。它的特点是导电性好，有的透明性也比较好。常用的有银纳米线、铜纳米线等。

4. 石墨烯和碳纳米管导电油墨

有的研究者用石墨烯和碳纳米管制备导电油墨，它们的导电性、透明性也都很好。

在纳米导电油墨中，纳米导电材料的尺寸很小，所以这种油墨很适合制造尺寸很小的器件，符合微电子行业的发展要求，应用前景很好。

五、液态金属

液态金属指在常温下为液态的金属，我们最熟悉的是水银，但它有毒，难以使用，目前人们使用较多的液态金属是镓合金。

液态金属的导电性和柔性都很好，但是用它制备好产品后，还需要进行专门的密封处理，防止发生泄漏，所以工艺比较复杂，成本极高。

第三节　柔性半导体材料

半导体在常温下的导电性介于导体和绝缘体之间，是电子行业中最重要的材料之一，大部分电子产品中的核心部件都要使用半导体材料，如二极管、晶体管、太阳能电池等。可以毫不夸张地说，没有半导体材料，就没有今天人类社会的面貌。可以预见，在将来，半导体材料还会发挥更大的作用。

一、半导体材料的发展历程

最早发现半导体材料的人是大家十分熟悉的英国物理学家法拉第——1833 年，他发现了硫化银的半导体现象。

1839 年，法国物理学家亚历山大 · 埃德蒙 · 贝克勒尔发现，半导体材料受到光线照射时会产生电压，这就是现在我们熟悉的“光伏效应”。值得一提的是，这位物理学家的儿子比他还有名——安东尼 · 亨利 · 贝克勒尔，在 1896 年发现了天然放射性现象，和居里夫妇一起获得了 1903 年诺贝尔物理学奖。

1873 年，英国物理学家史密斯发现，半导体硒受到光线照射时，导电性会增加，这种现象叫光电导效应，也是半导体材料的一种突出的性质。

1874 年，德国物理学家布劳恩发现，有的硫化物具有单向导电性，这是半导体最突出的一种性质。

需要说明的是，半导体材料除了用于制造传统的电子产品外，还被用于制造一些新型产品。比如，可以用半导体材料制造空调和冰箱，它们的制冷效果更好，而且体积小、重量轻，最突出的优点是不使用氟利昂，所以不会对环境造成影响。图 2–13 是半导体制冷的原理示意图。

另一种用半导体材料制造的神奇产品叫温差电池，它可以利用环境中温度的变化发电，所以只要温度发生改变，它就可以不停地发电。如果手机使用这种电池，基本可以永远不需要充电；心脏起搏器如果使用这种电池，就不需要频繁做手术更换电池了。图 2–14 是半导体温差电池的原理示意图。

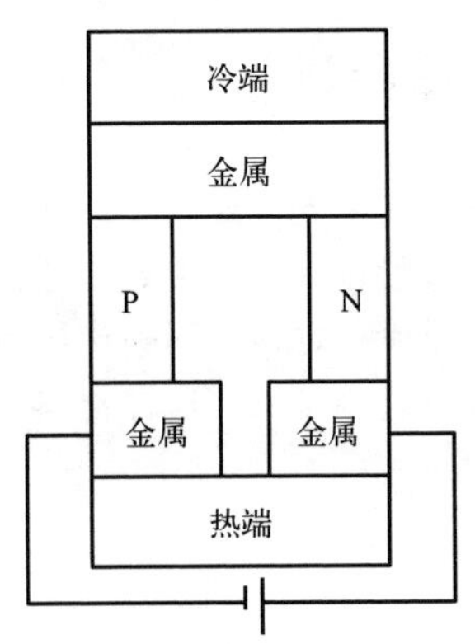

图 2–13　半导体制冷的原理示意图

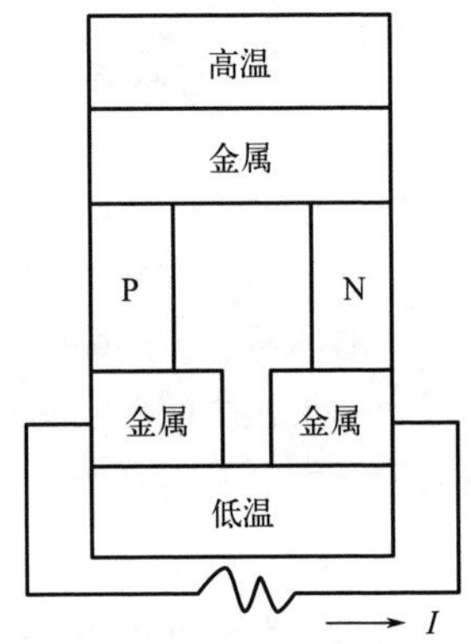

图 2–14　半导体温差电池的原理示意图

这种电池在航天领域也起了很大作用：美国的“好奇号”火星探测器、我国的嫦娥四号月球探测器等都安装了这种电池。

二、柔性半导体材料（无机）

1．硅薄膜

半导体材料的种类很多，其中，硅是应用最广泛的一种。它和玻璃类似：当硅比较厚时，柔性很差，但当硅薄膜很薄时，也具有一定的柔性，在柔性电子产品中应用很广泛。比如，非晶硅薄膜在 OLED 柔性显示器、柔性太阳能电池中应用较多，纳晶硅薄膜可以应用于柔性太阳能电池、柔性显示器、柔性传感器等产品中，多晶硅薄膜在柔性太阳能电池中应用比较多。

2. 透明导电氧化物（TCO）薄膜

当透明导电氧化物薄膜比较薄时，也具有一定的柔性。这种薄膜的透明度高，适合制造透明的柔性电子产品，如发光器件、显示器、太阳能电池等。

常用的柔性 TCO 薄膜有氧化铟锡（ITO）薄膜和氧化锌（ZnO）薄膜等。ITO 薄膜具有多种优异的性能，比如导电性好、透明度高、硬度高、化学稳定性好，很多手机触控屏、柔性 OLED 显示器、柔性太阳能电池等产品都使用它。

氧化锌是一种优异的半导体材料，近年来受到人们的广泛关注。柔性氧化锌薄膜的透明度比较高，而且成本低、无毒、生物相容性好，在柔性显示器、柔性太阳能电池、柔性传感器、柔性薄膜晶体管等产品中有很大的应用潜力，被认为将来有可能取代昂贵的 ITO。

三、有机半导体材料

传统的半导体材料都是无机物，有机半导体材料是一类新型的半导体材料，具有很多无机半导体材料不具备的优点，如柔性好、重量轻、容易加工，所以受到人们的广泛关注。

有机半导体材料的种类比较多，常见的有聚吡咯（PPy）、噻吩衍生物、并五苯等。

1. 聚吡咯（PPy）

聚吡咯（PPy）的分子结构式如图 2-15 所示。

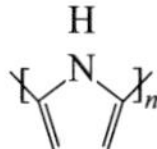

图 2-15 聚吡咯（PPy）的分子结构式

聚吡咯具有优异的电性能，而且强度高（强度极限可以达到 50 ~ 100MPa）、耐热性好，成本也比较低。

2. 噻吩衍生物

噻吩是一种芳香族有机物，分子式比较简单，是 C_4H_4S，图 2-16

所示是它的分子结构式。

图 2-16　噻吩的分子结构式

噻吩的衍生物种类很多，有的具有优异的半导体性质，经常用于制造柔性电子器件，如有机薄膜晶体管（OTFT）。

噻吩主要存在于石油中。2020 年 3 月，美国国家航空航天局（NASA）主办的杂志《天体生物学》（*Astrobiology*）报道：美国的“好奇号”火星探测器从火星上取回了一些土壤，科学家分析后发现，这些土壤里存在噻吩分子。由于噻吩主要存在于石油中，而一般认为，石油是由很多年以前的生物体形成的，所以科学家设想，是否可以据此推断火星上曾经存在生命。

3. 并五苯

并五苯是一种很有前景的有机半导体材料，它的结构很独特：由五个苯环并列形成，如图 2-17 所示。

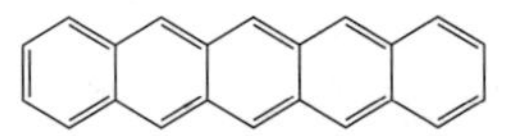

图 2-17　并五苯的分子结构

并五苯的特点是它内部的电子迁移率很高，很适合制备有机薄膜晶体管（OTFT）。目前，用它制备的产品的性能有的已经超过了用传统的硅制造的产品。很多人认为，将来用它制造的 OTFT 会取代目前的硅晶体管。

第四节　柔性封装材料

在电子产品的制造过程中，封装是很重要的一道工序，它是用特殊的封装材料把元器件、导线等密封起来。只有经过封装后，产品才是完整的产品。

封装材料可以起到密封、隔绝作用，保护内部的电子元器件和导线等，防止它们受到周围的空气、水分、灰尘、化学物质等的危害。

产品经过封装后，性能会更可靠、稳定，而且后续的组装过程也更方便。所以，封装是电子产品制造过程中的一道必不可少的工序。

柔性电子产品要求封装材料也尽量是柔性的，这样可以更好地满足产品的变形要求。柔性封装材料要具备下面几个特点。

① 阻隔性　能很好地阻隔空气、水分、腐蚀性物质。

② 良好的柔性。

③ 较好的力学性能　具有足够的强度和良好的疲劳性能，能承受多次变形而不发生破坏。

④ 较好的热性能　要求封装材料有较好的热性能，包括导热性好、耐热性好。这是因为电子元器件在使用过程中会发热，如果封装材料的导热性好，就可以避免发生膨胀、裂纹等缺陷；另外，要求封装材料具备足够的耐热性，在高温时不发生分解、熔化等；要求封装材料的热膨胀性能和元器件相匹配，避免互相之间发生分离或挤压，产生裂纹。

⑤ 一定的电学、光学等性能　比如绝缘性、透明性等。

目前使用的封装材料包括聚合物、金属、陶瓷等。它们各有优点，也各有缺点，比如：聚合物封装材料的柔性较好，但是阻隔性较差；金属封装材料具有较好的柔性和阻隔性，但绝缘性较差；陶瓷封装材料的柔性较差，但阻隔性很好。

为了提高封装效果，人们一方面发展新型的封装材料，比如开发由多种材料组成的复合材料，互相取长补短；另一方面，人们通过设计封装层的结构来提高封装效果，比如把封装层设计为多层结构或复合结构。

另外，在传统上，封装材料主要使用有机材料，但是有机材料的散热性不好，而且耐热性差，容易发生破坏。近年来，人们开始使用超薄玻璃作为封装材料，它的散热性、耐热性都很好，而且厚度薄，具有很好的应用前景。

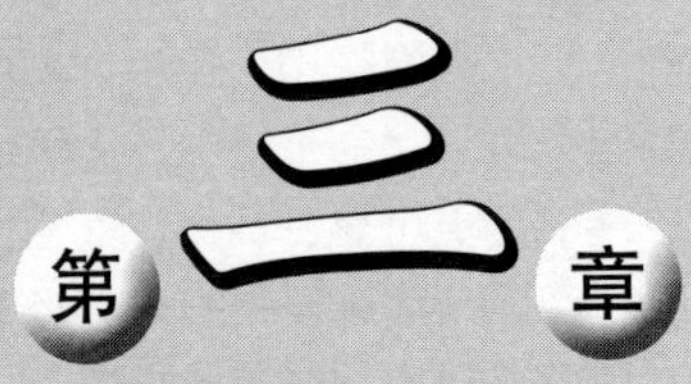

第三章 柔性晶体管

2022 年 9 月 8 日，苹果公司推出了用户期待已久的 iPhone 14 系列手机，这个系列有很多亮点，其中非常引人注目的一个是：iPhone 14 Pro 系列搭载了最新的 A16 仿生芯片。

苹果公司介绍说，这种芯片集成了将近 160 亿个晶体管，是 iPhone 系列中数量最多的，所以芯片的运算速度更快——接近 17 万亿次每秒，堪称 iPhone 芯片的“速度之王”！

从上面的事例，我们可以看到，芯片的运算速度和晶体管的数量有很大关系，这是为什么呢？

在电子产品中，晶体管的作用特别大，对产品的很多方面都有决定性的影响。在上一章，我们介绍了柔性电子产品的基板、导体和封装材料，从本章开始，介绍柔性电子产品中的典型的元器件，包括柔性晶体管、柔性传感器、柔性存储器、柔性显示器、柔性电池等。

第一节　电子产品的细胞——晶体管

晶体管属于一种电子元器件。据粗略统计，目前，各种电子产品使用的电子元器件的种类多达几百种，我们熟悉的有二极管、三极管（即晶体管）、电容、电感等。这些元器件的作用各不相同，但大家公认，在所有的元器件中，最重要的是晶体管。一个很典型的证明是，很多人都知道，在微电子行业中，有一个著名的“摩尔定律”，它指出：在集成电路芯片上集成的晶体管的数目，大约每隔 18 ~ 24 个月就翻一番，芯片性能提高一倍。

为什么这个定律要强调“晶体管”的数目，而不提别的元器件，比如电阻、电容、电感等呢？自然是因为晶体管在电子产品中的作用最大、最重要。下面我们具体介绍晶体管。

一、电子管的诞生与发展

在介绍晶体管之前，需要先介绍电子管。

我们都知道，美国发明家爱迪生为了寻找合适的电灯泡的灯丝材料，做了无数次实验。在这些实验过程中，他发现了一种奇怪的现象。那是在 1883 年，他把金属丝放在真空容器中，给金属丝通电后，他发现，金属丝的外部产生了微弱的电流，如图 3-1 所示。后来，人们把这种现象叫作“爱迪生效应”。

1904 年，英国电气工程师约翰·安布罗斯·弗莱明（John Ambrose Fleming）在“爱迪生效应”的基础上，发明了世界上第一个电子管。在电子管里，电场可以控制电子（或电流）的运动，能把微弱的信号放大。这是人类发明的第一种电子器件，它标志着人类从此进入了电子时代。图 3-2 是电子管的示意图。

1906 年，美国发明家李·德·福雷斯特（Lee de Forest）对电子管进行了巧妙的改造，进一步提高了它的性能。从那之后，电子管广泛地应用于电话、收音机、电视机等多种电子产品中，在通信、消费电子、航空等领域起了很大作用，极大地促进了电子行业的发展。大家熟悉的世界上第一台计算机“ENIAC”就是由 1.8 万个电子管构成的。

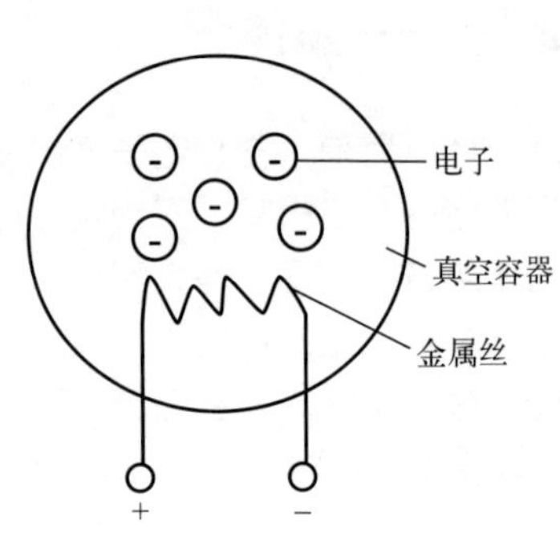

图 3-1 “爱迪生效应”的示意图

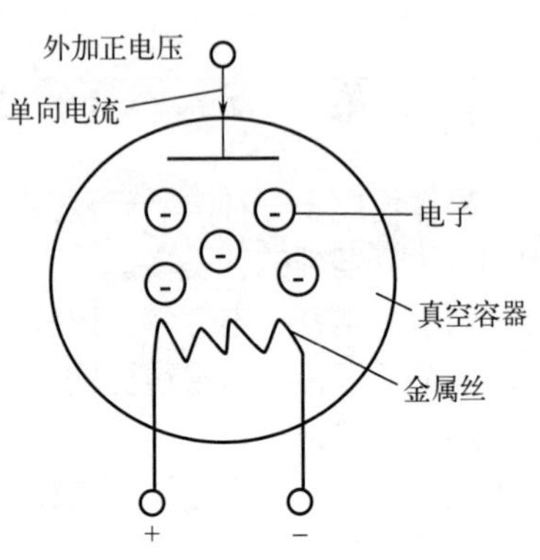

图 3-2 电子管的结构示意图

到了 20 世纪 50 年代末，全世界电子管的年产量高达 10 亿只左右。

虽然电子管应用很广泛，但是，人们也很快发现了它的缺点：它的零部件都被封闭在一个玻璃管里，里面是真空。所以，电子管的制造工艺很复杂，而且体积大、重量大、能耗大，也容易损坏。用电子管制造的产品也存在这些缺点：笨重、容易出故障等。比如世界上第一台计算机“ENIAC”，长度达 30m，宽 6m，高 2.4m，质量为 30t，功耗达 150kW，每次工作时整个费城西区的照明都会受到影响。另外，在第二次世界大战期间，用电子管制造的很多军用设备的机动性很差，而且性能不稳定，经常发生故障，影响作战行动。

所以，人们迫切希望研制新产品，改善电子管的这些缺点。

二、晶体管的诞生与发展

经过长期不懈的努力，终于在 1947 年 12 月，美国贝尔实验室的三位科学家——肖克利、巴丁和布拉顿研制成功了晶体管。晶体管一方面具有电子管的信号放大作用，另一方面，还具有多种其它功能，如检波、整流、开关、稳压、信号调制等。而且，晶体管的结构简单、体积小、能耗低，性能稳定可靠，容易制造，成本低，很好地克服了电子管的缺点。晶体管功能更多，应用范围和应用潜力比电子管大很多。图 3-3 是晶体管的结构示意图。

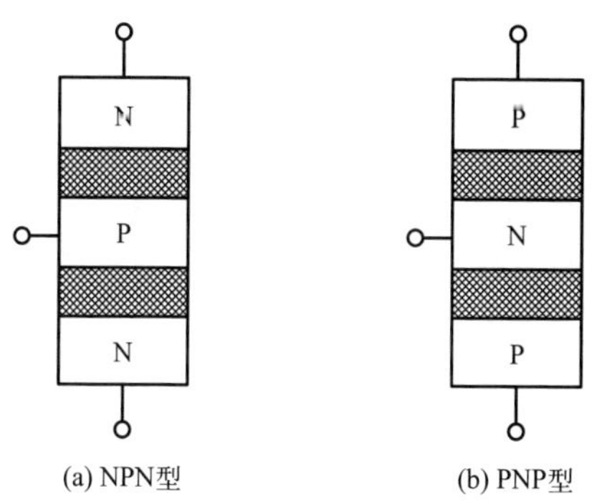

图 3-3　晶体管的结构示意图

基于以上原因，晶体管很快就取代了电子管，成为电子行业应用最广泛、最重要的器件。1953 年，人们用晶体管制造了第一种实用产品——助听器，受到用户的广泛欢迎。1954 年，人们用晶体管制造了新型的收音机，效果同样很好。人们意识到晶体管的发展潜力后，很快又发明了集成电路，所以，人们普遍认为，晶体管促进了集成电路的诞生。

由于晶体管具有多种功能，所以，它成为电子产品的基本单元，好像生物体的细胞一样。包括电脑、手机在内的电子产品的各种功能都是由一定数量的晶体管和其它元器件组合起来实现的，而且，晶体管的数量越多，电子产品的性能越好、功能越多，所以，在集成电路（芯片）中，晶体管的数量能够代表芯片的性能。我们也就可以理解为什么在摩尔定律中，强调芯片上集成的晶体管的数量。人们用它的数量衡量微电子技术的发展水平，比如：1971 年，英特尔（Intel）公司生产的第一个微处理器 4004 中，只有 2000 多个晶体管；1993 年，英特尔公司生产的“奔腾”处理器中含有 300 万个晶体管；2010 年，NVIDIA 公司生产的 GF110 核心含有 30 亿个晶体管。

2022 年 3 月 9 日，苹果公司推出了最新的 Mac Studio 系列个人电脑，它最大的亮点是搭载了 M1 Ultra 芯片，这种芯片包含 1140 亿个晶体管，成为世界上晶体管数量最多的电脑芯片，苹果把它称为“有史以来个人电脑中功能最强大的芯片”。

迄今为止，晶体管数量最多的芯片是 Wafer Scale Engine 2（WSE-2）处理器，它是美国 Cerebras Systems 公司在 2021 年 4

月推出的，集成了 2.6 万亿个晶体管！售价达 250 万美元，约合人民币 1800 万元，主要用于超级计算机系统。

目前，人们公认，晶体管是 20 世纪人类最伟大的发明之一，它促进了整个 IT 业的发展。可以设想：没有晶体管，就没有现在的电脑、手机。

由于发明了晶体管，1956 年，肖克利、巴丁和布拉顿共同获得了诺贝尔物理学奖。值得一提的是，1972 年，由于提出 BCS 超导理论，巴丁第二次获得诺贝尔物理学奖，成为迄今为止唯一两次获得这一奖项的科学家。在一次演讲中，他说了一句名言："你要想得到诺贝尔奖，应该具备三个条件：第一，努力；第二，机遇；第三，合作精神。"

需要说明的一点是，虽然和晶体管相比，电子管存在不少缺点，但是它也有一些优点是晶体管无法取代的。所以，目前在有的产品中，仍在使用电子管，比如大功率无线电发射设备和高端音响设备。熟悉音响器材的读者知道：功放机有电子管功放机和晶体管功放机两类，一些高保真音响设备都使用电子管功放机，因为它的音质更好，令人感觉更柔和、悦耳，从而受到资深音乐爱好者和专业人士的喜爱。

第二节　薄膜晶体管

传统的晶体管是三维结构。1962 年，有的研究者研制了薄膜晶体管（thin film transistor，TFT），它的各个组成部分都是二维的薄膜，所以，这种晶体管在空间中占的体积比较小。

在早期，薄膜晶体管并没有引起人们太大的注意。1968 年，美国 RCA 实验室的科学家乔治 · 海尔迈耶（George Heilmeier）发明了世界上第一块液晶显示器（liquid crystal display，LCD），但它的图像质量很差。1971 年，RCA 实验室的 Lechner 等人提出，把薄膜晶体管和 LCD 相结合，可以解决这个问题，这就是薄膜晶体管液晶显示器（TFT-LCD）。后来，日本等国家积极从事这方面的研究，并实现了产品的商业化，TFT-LCD 开始获得广泛应用，如电脑、手机、电视等产品的显示屏。

TFT 由源极、漏极、半导体层、绝缘层、栅极构成，具体结构有多种类型，图 3-4 是其中一种结构的示意图。

图 3-4　薄膜晶体管的结构示意图

传统的薄膜晶体管是用无机材料制造的，所以叫无机薄膜晶体管。比如，衬底材料主要是玻璃，半导体层的材料主要是氢化非晶硅，绝缘层的材料是二氧化硅（SiO_2），源极、漏极和栅极的材料是金。

为了提高薄膜晶体管的性能，研究者一直探索使用一些新材料，比如：2003 年，有的研究者用 ZnO 薄膜作为半导体层，研制了透明的薄膜晶体管；2004 年，有的研究者用氧化铟镓锌（IGZO）作为半导体层，制备了透明的薄膜晶体管，用这种晶体管制造的显示屏的分辨率很高，而且功耗低。

第三节　柔性薄膜晶体管

柔性薄膜晶体管（flexible thin film transistor，FTFT）具有良好的柔性，是柔性电子产品的关键元件。近年来，随着折叠屏手机、可穿戴设备等产品的发展，柔性薄膜晶体管的市场需求不断扩大，未来的发展前景十分广阔。

柔性薄膜晶体管主要由柔性基板、柔性半导体层、柔性栅绝缘层和柔性电极组成。

一、柔性基板

目前，柔性基板使用的材料主要是聚合物，它们的柔性好，而且很多聚合物的透明度高、质量轻。

目前使用较多的聚合物有聚对苯二甲酸乙二醇酯（PET）、聚萘二甲酸乙二醇酯（PEN）、聚醚砜（PES）、聚酰亚胺（PI）等。其中，

PET 和 PEN 的透明度高，化学稳定性好，而且价格便宜。有的研究者用 PET 为基板，用 IGZO 为半导体层，制备了一种柔性薄膜晶体管，测试表明，它具有较好的柔性——弯折半径可以达到 30mm。有的研究者用 PEN 为衬底、IGZO 为半导体层制备了一种柔性薄膜晶体管，它可以承受 0.8% 的应变。美国杜邦（DuPont）公司用 PI 做衬底、用 ZnO 薄膜做半导体层，研制了一种柔性薄膜晶体管。

二、柔性半导体层

柔性半导体层的材料种类比较多，大致可以分为有机半导体材料和无机半导体材料。

（一）有机半导体材料

1. 噻吩类化合物

噻吩类化合物是一类优良的有机半导体材料，性能好，种类多，选择余地大。其中，聚噻吩的柔性很好，而且容易合成，成本低。早在 1986 年，就有研究者用它作为半导体材料，制备了世界上第一个用有机材料制造的薄膜晶体管，即有机薄膜晶体管（organic thin film transistor，OTFT）。

后来，人们又用其它一些噻吩的衍生物（如 α－六噻吩、齐聚六噻吩、PQT-12、P3HT 等）制备了柔性 OTFT。其中，P3HT 在 20 世纪 80 年代才被研制出来，很快就受到人们的欢迎，发展迅速，现在广泛应用在 OTFT 和有机太阳能电池等产品中。

2021 年，南京大学的研究者用一种简称为 C_{10}-DNTT 的复杂的噻吩衍生物作为半导体层，用 PI 做柔性衬底，制备了一种柔性有机薄膜晶体管，它可以检测心电信号，如图 3-5 所示。

2. 并五苯

并五苯是一种优异的有机半导体材料，受到人们的重视。20 世纪 90 年代末，美国 IBM 公司、贝尔实验室等单位都用并五苯作为半导体层，制备了 OTFT。

2005 年，有的研究者用并五苯作为半导体层、用 PEN 作为衬底、用金作为栅电极材料，制备了一种 OTFT，它可以承受 60000 次弯曲半径为 2mm 的弯曲变形；2010 年，研究者对这种 OTFT 进行了改进，

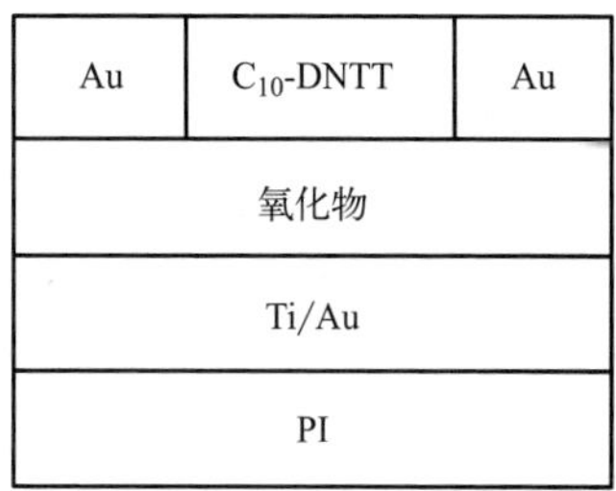

图 3-5 C_{10}-DNTT 薄膜晶体管的结构示意图

使整个 OTFT 的厚度只有 25μm，是当时报道的最薄的产品，可以承受弯曲半径为 0.1mm 的变形。

3. 红荧烯

红荧烯是一种有机荧光材料，具有优异的光学和电学性质，经常用来制造有机发光二极管。有的研究者用它作为半导体层并以 PET 为衬底、聚乙烯吡咯烷酮（PVP）为绝缘层，制备了一种 OTFT，可以承受弯曲半径为 9.4mm 的弯曲变形。

德国德累斯顿工业大学的研究者用红荧烯薄膜制备了一种 OTFT，红荧烯薄膜的厚度只有 20nm。

4. PEDOT：PSS

PEDOT：PSS 是由 PEDOT（聚 3，4- 乙烯二氧噻吩）和 PSS（聚苯乙烯磺酸）两种材料共聚形成的一种高分子材料，有很好的柔性。美国哥伦比亚大学的研究者用 PEDOT：PSS 作为半导体层，用壳聚糖做栅极，研制了一种柔性薄膜晶体管，它的生物相容性很好，有望在人的体内长期、稳定工作。研究者用这种晶体管设计了一种电子仪器，可以检测脑电信号。

总的来说，有机半导体材料的柔性比较好，但是也存在一些缺点，比如电性能、耐热性、力学性能等较差。

（二）无机半导体材料

1. 氧化铟镓锌（IGZO）

氧化铟镓锌（IGZO）由氧化铟（In_2O_3）、氧化镓（Ga_2O_3）和氧化锌（ZnO）组成，它的载流子迁移率高，而且透明性好。薄膜的柔性很好，弯曲半径可以达到 40mm。用它制造的柔性薄膜晶体管的电性能和柔性都很优异。

IGZO 薄膜可以通过磁控溅射法制备，这种方法的原理是：在反应室中充入气体，如氩气；然后对氩气施加高电压，氩气分子会发生电离，产生电子和氩离子；用电场控制氩离子向靶材表面运动，轰击靶材，使靶材表面的原子或分子脱离靶材表面，沉积到基底上，形成薄膜；同时，用电场和磁场控制氩气分子电离产生的电子的运动，使它们和其它的氩气原子发生碰撞，产生更多的氩离子和电子。图 3-6 是磁控溅射的示意图。

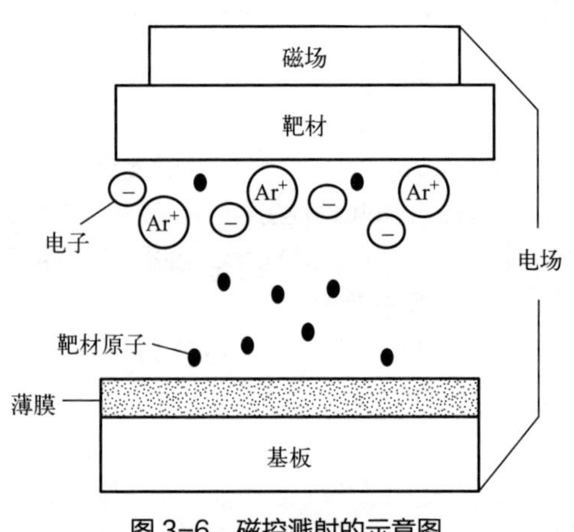

图 3-6　磁控溅射的示意图

2009 年，日本夏普公司用溅射法制备了 IGZO 薄膜，厚度只有 50μm。

有的研究者用 IGZO 作为半导体层、用壳聚糖 - 氧化石墨烯复合薄膜为栅介质，模仿人的神经细胞，研制了一种柔性光电神经形态晶体管。研究者说，未来，可以用这种晶体管制造人工眼睛和智能报警系统。图 3-7 是这种晶体管的结构示意图。

2．碳纳米管

碳纳米管具有优异的半导体性质，所以，有的研究者用碳纳米管作为半导体层，制备柔性薄膜晶体管。图 3-8 是北京大学的研究者用碳纳米管制备的柔性薄膜晶体管结构示意图。

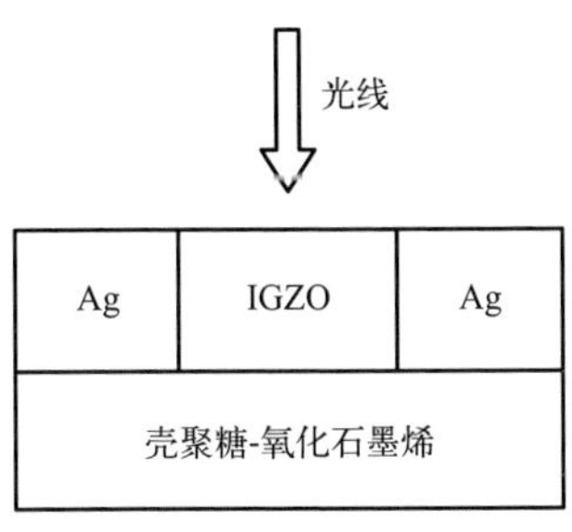

图 3-7　柔性光电神经形态晶体管的结构示意图

图 3-8　用碳纳米管制备的柔性薄膜晶体管的结构示意图

3. MoS_2 薄膜

近年来，人们发现，一些无机薄膜材料如 MoS_2 薄膜具有优异的半导体性能，同时，它们的柔韧性也很好，很适合制造柔性薄膜晶体管。美国斯坦福大学的科学家用 MoS_2 薄膜研制了一种柔性纳米薄膜晶体管：先在 SiO_2-Si 衬底上沉积一层很薄的 MoS_2 薄膜，它只有三个原子的厚度，然后在 MoS_2 薄膜上面制备纳米尺度的金电极；再用柔性的聚酰亚胺薄膜覆盖在 MoS_2 薄膜和金电极的表面；然后，把整个结构在去离子水中浸泡一段时间，聚酰亚胺薄膜、MoS_2 薄膜和金电极就从 SiO_2-Si 衬底上脱落下来，这就是柔性纳米薄膜晶体管，它的厚度只有 5μm。图 3-9 是制备过程示意图。

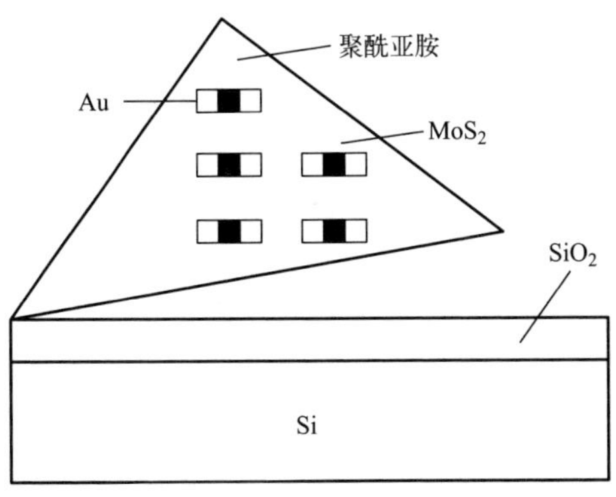

图 3-9　柔性纳米 MoS_2 薄膜晶体管的制备方法

中国科学院的研究者用 MoS_2 薄膜作为半导体层，用 PET 为柔性衬底，制备了一种透明的柔性薄膜晶体管。

4. VO_2 薄膜

华东师范大学的研究者用 VO_2 薄膜为半导体层，模仿生物的神经突触结构，研制了一种透明的柔性晶体管，具有痛觉感知功能，未来可以用来制造有感觉的假肢。

5. 其它无机材料

有的研究者用 Mn–Co–Ni–O 纳米半导体粉末和柔性的石墨烯为原料，制备了一种柔性半导体复合材料，作为半导体层，用塑料薄膜作为衬底，制备了一种柔性薄膜晶体管。

三、柔性栅绝缘层

栅绝缘层的作用是防止半导体层和栅电极之间发生电流泄漏。柔性栅绝缘层使用的材料包括无机材料、有机材料、生物材料等。

1. 无机材料

无机材料的绝缘性能比较好，而且化学性质稳定，耐热性好。

2008 年，有的研究者用氮化硅和硅为栅绝缘层，用 PET 作为衬底，制备了一种柔性薄膜晶体管，具有很好的弹性。

2009 年，研究者用 HfLaO 陶瓷作为栅绝缘层，用 PI 作为衬底，制备了一种柔性薄膜晶体管。

和其它材料相比，无机材料的柔性和加工性都较差。

2. 有机材料

有机材料的柔性和加工性都较好，适合作为柔性栅绝缘层。常用的有聚酰亚胺（PI）、聚乙烯吡咯烷酮（PVP）、聚甲基丙烯酸甲酯（PMMA）、聚乙烯醇（PVA）、聚苯乙烯（PS）、聚四氟乙烯（PTFE）、PVP–PMMA 复合材料等。

C 型聚对二甲苯具有多种优异的性能，比如化学性质稳定、生物相容性好、绝缘性好、容易加工，光学性能也很优异，人们经常用它制造传感器、光学材料、医用材料等。有的研究者用它作为栅绝缘层材料、以并五苯为半导体层，制备了一种柔性薄膜晶体管，其结构如图 3–10 所示。

有的研究者用偏氟乙烯（VDF）和三氟乙烯（TrFE）形成的共聚物 P（VDF-TrFE）薄膜为栅介质，用并五苯为半导体材料，制备了一种柔性薄膜晶体管，它的厚度只有 500nm 左右，可以承受弯曲半径为 50μm 的弯曲变形。

3．有机 - 无机复合材料

由于有机材料和无机材料各有优缺点，所以，为了综合它们各自的优点，避免各自的缺点，人们用它们制备了复合材料，用这种复合材料制备栅绝缘层，性能更加令人满意。比如，有的研究者用 Al_2O_3 或 ZrO_2 和Ⅰ型聚氯乙烯（PVC）形成的复合材料制备了一种柔性晶体管，如图 3-11 所示。

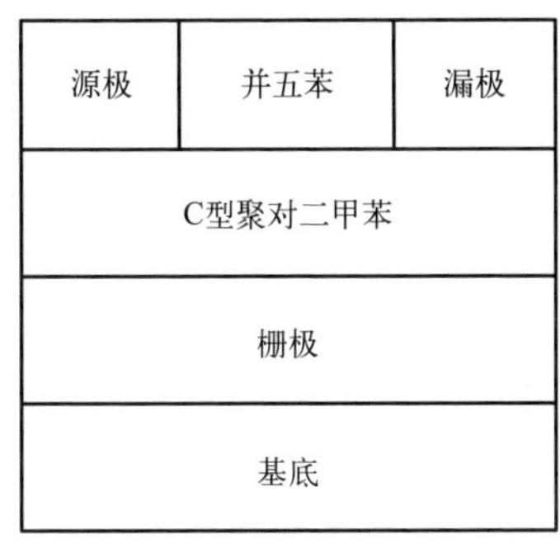

图 3-10 用 C 型聚对二甲苯为栅绝缘层制备的柔性薄膜晶体管

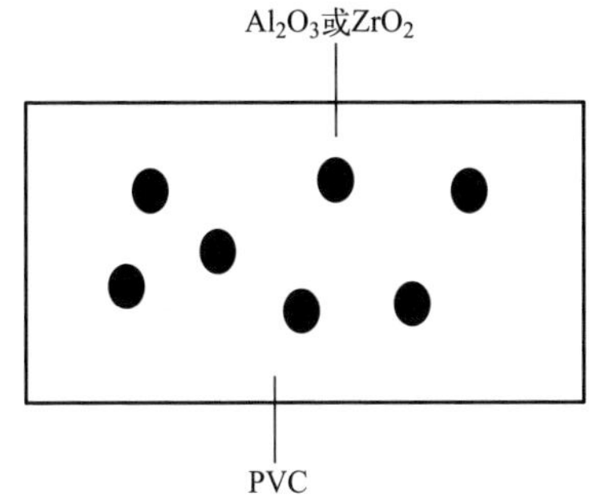

图 3-11 Al_2O_3 或 ZrO_2 和 PVC 形成的复合材料

4．生物材料

有的研究者用生物材料作为栅绝缘层材料，制备柔性薄膜晶体管。这是因为有的生物材料的绝缘性也很好，而且柔性好、容易加工。常用的生物材料是蚕丝蛋白、鸡蛋蛋白等，它们有很好的柔韧性，强度也高，而且加工性很好，可以制备成溶液、纤维、粉末、薄膜、凝胶等多种形式的产品。

2011 年，有研究者用 PEN 作为衬底、用鸡蛋蛋白作为绝缘层、用富勒烯（C_{60}）作为半导体层，制备了一种薄膜晶体管，它可以承受多次弯曲半径为 0.5mm 的弯曲变形，其结构如图 3-12 所示。

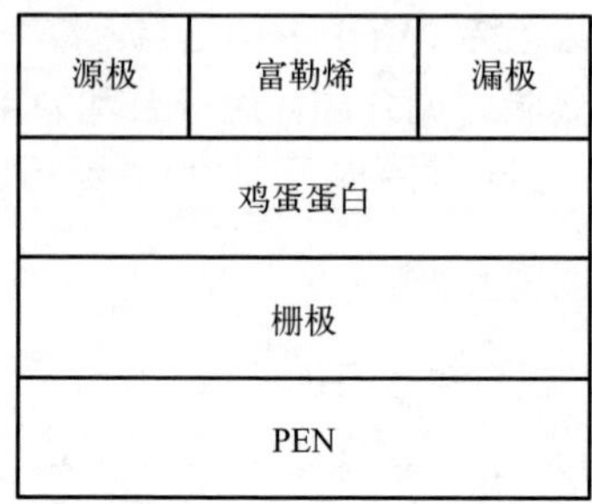

图 3-12　用鸡蛋蛋白作为绝缘层的柔性薄膜晶体管结构

5. 离子凝胶

离子凝胶是一种新型材料，是由聚合物和电解质组成的混合物。图 3-13 是它的结构示意图。

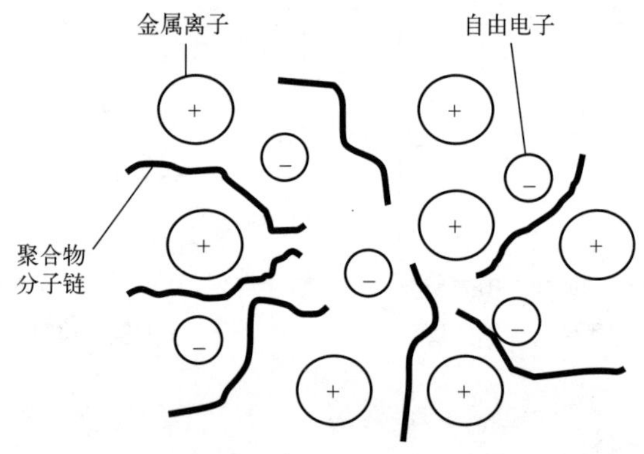

图 3-13　离子凝胶的结构示意图

离子凝胶的结构和性质与大家平时听说的普通凝胶很像——很多人知道，凝胶护肤品能增加肌肤的弹性，这是因为凝胶本身的柔韧性很好。离子凝胶也有很好的柔性，而且绝缘性也很好，很适合制造柔性薄膜晶体管。用离子凝胶作为晶体管的栅绝缘层，厚度可以特别薄，所以可以有效地减小整个薄膜晶体管的厚度，因此产品的柔性很好。而且，这种很薄的离子凝胶薄膜还能提高晶体管的电性能。

四、柔性电极材料

柔性电极材料包括金属、透明导电氧化物、导电高分子、新材料等。

① 金属电极材料　主要是金、银、铝等。其中金的导电性很好，而且化学性质稳定，抗氧化、耐腐蚀，在电子产品中应用很广泛，很难找到它的替代者。银和铝的导电性也很好，而且成本低，但是耐腐蚀性不如金，在使用过程中容易发生氧化、腐蚀等，从而使导电性变差。

② 透明导电氧化物　常用的是前面提到的 ITO。这类材料具有一定的导电性，而且透明度高，耐腐蚀性也比较好。缺点是柔性比较低。

③ 导电高分子　常用作 OTFT 电极的导电高分子材料有聚苯胺（PANI）和 PEDOT：PSS。聚苯胺（PANI）经过一定的处理后，具有较好的导电性，化学稳定性也较好。

PEDOT：PSS 是 PEDOT（聚 3，4- 乙烯二氧噻吩）和 PSS（聚苯乙烯磺酸）共聚形成的聚合物，其中，PEDOT 是一种导电聚合物，PSS 可以提高 PEDOT 在水中的溶解性，它们的分子结构如图 3-14 所示。所以，PEDOT：PSS 有很好的导电性，而且柔性好，透明度高，耐热性好。研究表明，用 PEDOT：PSS 作为电极制备的晶体管的性能和金电极晶体管的性能相当。

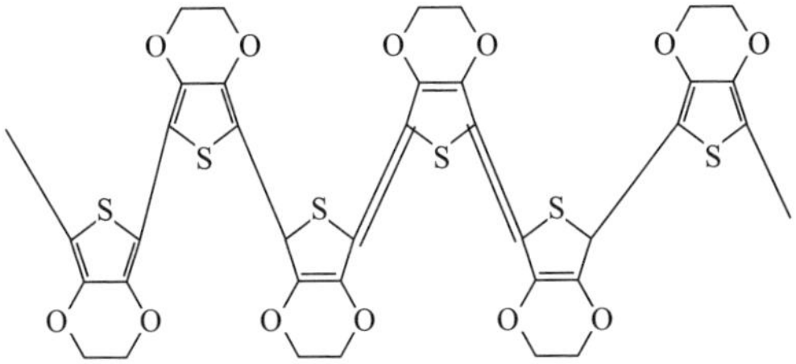

(a) $PEDOT^+$

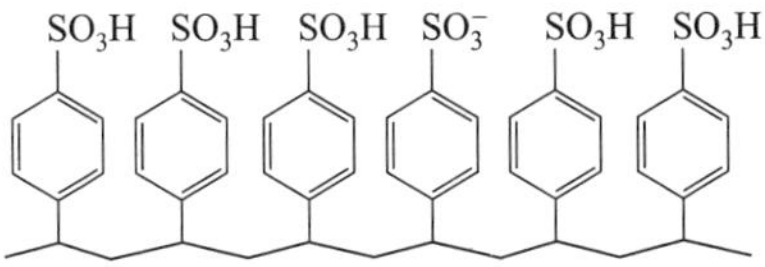

(b) PSS^-

图 3-14　$PEDOT^+$ 和 PSS^- 的分子结构

④ 新材料　比如石墨烯和碳纳米管，它们具有优异的导电性、柔性和透明度，是理想的柔性电极材料。有研究者用单层石墨烯作为电极材料，用聚芳酯（PAR）作为衬底，制备了一种柔性薄膜晶体管，产品的柔性很好，而且有很高的透明度。

有的研究者用碳纳米管作为电极和半导体层，用 PET 作为衬底，用弹性材料作为栅绝缘层，制备了一种柔性薄膜晶体管。它的柔性很好，透明度也很高。

北京大学的研究者用碳纳米管分别作为半导体和电极材料，用氧化石墨烯作为栅绝缘层，制备了一种全碳基柔性薄膜晶体管，其结构如图 3-15 所示。

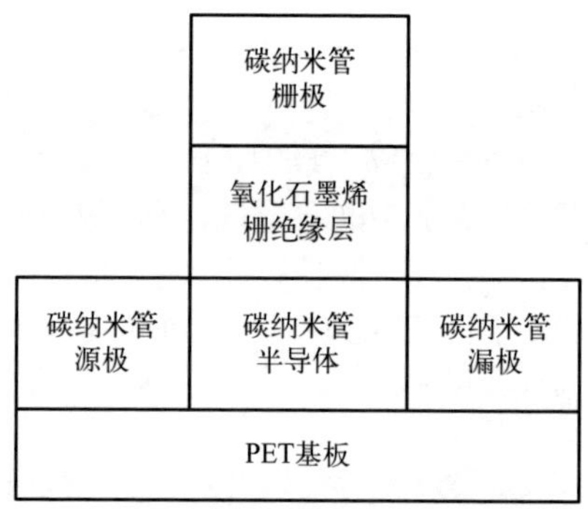

图 3-15　全碳基柔性薄膜晶体管的结构

研究表明，这种晶体管具有优异的柔性，可以承受弯曲半径最小为 250μm 的弯曲变形，以及 10000 次弯曲半径为 500μm 的弯曲变形。

五、产业情况

从全球范围来看，柔性薄膜晶体管的市场主要分布在欧洲、北美、日本、中国等国家和地区。目前，在这个领域，实力最强的生产企业包括英特尔（Intel）、三星（Samsung）、台积电等。

柔性传感器

图 4-1 所示是作者的微信好友在某一天的步数排行榜 Top5。

可能有人会感到好奇：手机是怎么记录步数的呢?

它是用传感器记录的。

目前，在我们的日常生活和工业生产中，传感器的应用非常广泛——据粗略统计，现在我们的手机里安装了十几种传感器，而汽车里安装了一百多种传感器！

图 4-1　手机记录的走路步数

第一节　电子感官——传感器

一、传感器简介

传感器是一种电子器件，它可以感受外界的一些信息，比如温度、压力、光线等，并把这些信息转换成电信号，从而能对这些信息进行测量。

传感器的作用和人的感觉器官很像，比如眼睛、耳朵、鼻子、皮肤等，所以，有人把传感器叫作“电子感官”。

传感器主要由敏感元件、转换元件、转换电路组成，如图 4-2 所示。

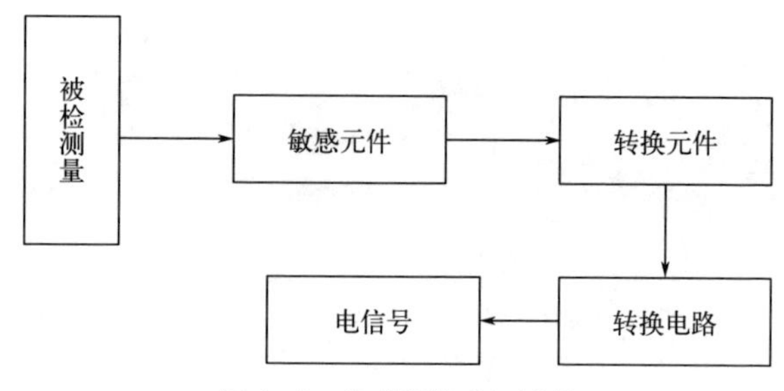

图 4-2　传感器的感知过程

敏感元件的作用是利用物理、化学等效应，感知外界的信息。比如，有的敏感元件在外界的温度发生变化时，它的电阻会发生变化，所以，它就可以感知外界的温度；有的元件在受到压力时，它的电容会发生变化，所以，它就可以感知外界的压力；等等。

转换元件的作用是接收敏感元件输出的信号，比如电阻值、电容值等，然后通过转换电路，把这些信号转换为电信号，再通过其它部件显示出来。

对有的产品，如无人驾驶汽车、机器人等，传感器发挥着至关重要的作用，没有传感器，它们就无法工作，甚至无法“生存”。

和生物的感觉器官相比，传感器具有多方面的优点，比如灵敏度高、稳定性好、可靠度高，耐用性更好。

二、传感器的种类

传感器的种类很多，可以按照不同的方法，把它们分为不同的类型。常见的分类方法有下面几种。

1．按照用途或功能分类

可以分为应力传感器（也叫力敏传感器）、温度传感器（也叫热敏传感器）、湿敏传感器、光敏传感器、色敏传感器、声敏传感器、磁敏传感器、气敏传感器、味敏传感器、速度传感器、加速度传感器、液位传感器、辐射传感器等，它们分别测试不同的信息。

如果把这些传感器和人的感觉器官进行对比，可以看到，光敏传感器和色敏传感器相当于眼睛，声敏传感器相当于耳朵，气敏传感器相当于鼻子，味敏传感器相当于舌头，应力传感器、温度传感器、湿敏传感器等相当于皮肤。

2．按照原理分类

可以分为物理型传感器、化学型传感器、生物型传感器等。

物理型传感器是利用物理效应如力、热、电、光、磁等的变化进行感知的传感器。

化学传感器是利用对化学物质敏感的材料作为敏感元件，从而对化学物质进行检测的传感器，检测内容包括化学组成、含量等。

生物传感器是利用一些生物活性物质的特性进行感知的传感器，常用的生物活性物质有蛋白质、酶、DNA、生物膜等。

3．其它方法

比如，按照输出信号分类，传感器可以分为模拟传感器和数字传感器。

按照检测方法分类，可以分为主动型传感器和被动型传感器。主动型传感器会向检测对象发出一些检测信号，根据检测信号发生的变化或检测信号引起的检测对象的变化进行检测。我们熟悉的雷达以及一些化学成分分析仪器就使用了主动型传感器。被动型传感器直接检测对象的相关信息，将其转换成电信号，得到结果。我们熟悉的红外温度计、红外摄像头就使用了被动型传感器。

三、柔性传感器简介

柔性传感器是用柔性材料制造的，有良好的柔韧性，可以弯曲或折叠，所以使用更灵活、方便，能够更接近测量目标，测量结果更准确。用于人体的柔性传感器会让人感觉很舒适。

柔性传感器可以用来制造智能服装、可穿戴设备、电子皮肤等产品，在医疗、体育运动、日常生活等领域有很好的应用前景。比如，智能运动服可以监测运动员的体温、心率、脉搏，甚至肌肉疲劳程度，从而可以提高他们的运动能力。医疗用的电子皮肤就像创可贴一样，可以贴在患者的受伤部位，方便地监测伤口的恢复情况，并能根据情况释放适量的药物进行治疗。在休闲娱乐领域，在未来，用户只要佩戴上安装了柔性传感器的可穿戴设备，就可以“闻到”电视上美食的气味。有的研究者做过一项实验：在实验者的鼻子里插入传感器，给传感器施加特定的电刺激，实验者会闻到水果、薄荷、木材等的气味，还会产生受压、炎热、疼痛、麻木等感觉。

市场调查机构的统计数据显示，在全球市场上，柔性传感器具有很大的发展潜力，在2021—2028年间，年销售额将以6.8%的速度增加，到2028年，市场规模将达到84.7亿美元。

第二节　柔性应力传感器

一、应力传感器简介

应力传感器也叫力敏传感器，可以检测物体受到的作用力，常见的是压力，所以也常叫压力传感器。它是通过敏感元件把外界的应力转化为电信号进行检测的。

应力传感器在很多领域都有应用，比如体重秤。手机和汽车里也安装了压力传感器。比如，有的手机的触控屏里安装了压力传感器，人们可以通过对屏幕施加不同的力度，对手机进行多种操作。有的手机里安装了气压传感器，它可以检测大气压，用户可以利用它了解自己所处的海拔高度，这有利于对山峰、高层建筑等场合的定位。

汽车里使用的压力传感器更多：发动机里安装的压力传感器可以控制发动机的正常运转；变速箱里的压力传感器可以控制换挡；机油压力传感器可以检测机油的数量，提醒司机及时加油；轮胎气压传感器可以检查轮胎的气压是否正常；另外，空调系统里也安装了压力传感器，可以保证空调的正常运行。

按照工作原理，应力传感器分为电阻式应力传感器、电容式应力传感器、压电式应力传感器等类型。

1. 电阻式应力传感器

这种传感器的敏感元件在外界的应力作用下，形状会发生变化，从而使电阻值也发生变化。所以，通过测量电阻值，就可以检测外界的应力。

2. 电容式应力传感器

这种传感器里有一个电容器，当它受到应力时，电容器的两个电极板的间距会发生变化，从而使电容值发生变化，所以可以对应力进行检测。

3. 压电式应力传感器

这种传感器的敏感元件是用压电材料制造的。压电材料的特点是受到压力时，会产生电荷，形成电压。这种现象叫压电效应，它最早是在1880 年由居里夫人的丈夫——法国物理学家皮埃尔 · 居里和他的哥哥雅克 · 居里发现的。通过测量压电材料产生的电压，就可以检测出它受到的压力。

4. 磁敏应力传感器

这种传感器的敏感元件是用一种具有磁致伸缩效应的材料制造的，这种材料的特点是当它的长度、厚度发生变化时，它具有的磁性也会发生变化。所以，当它受到外界的作用力时，长度或厚度就会发生变化，从而具有的磁性也会变化。通过测量它的磁性，就可以检测它受到的应力。

二、柔性应力传感器的常见类型

1. 电阻式柔性应力传感器

这种传感器的敏感元件一般是用高分子材料和导电材料的复合材料

制造的，导电材料经常使用炭黑微粒、银微粒、金属纳米线、碳纳米管、石墨烯等。当敏感元件受到外界的作用力（如压力）时，内部的导电材料的接触状态会发生变化，元件的电阻就发生变化，如图 4-3 所示。

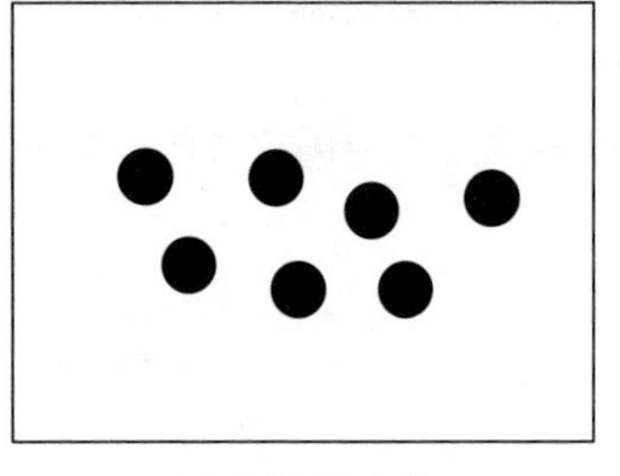

(a) 受到压力之前

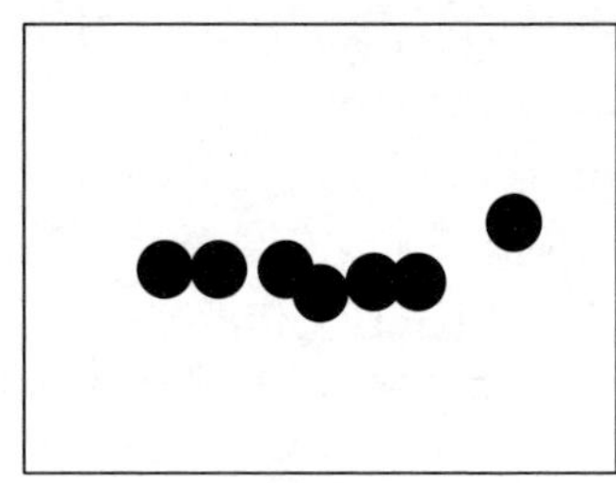

(b) 受到压力之后

图 4-3　电阻式柔性应力传感器的敏感元件

灵敏度是传感器的一项重要的指标。为了提高柔性应力传感器的灵敏度，有的研究者对敏感元件的结构进行了改进——把内部的导电材料设计为网络状结构，像海绵一样。当外力很小时，虽然这些材料的变形量很小，但是它们的接触状态会发生比较明显的变化，如图 4-4 所示，所以，材料的电阻会发生比较明显的改变。用这种材料制造的传感器的灵敏度很高，可以检测出很小的应力和变形。

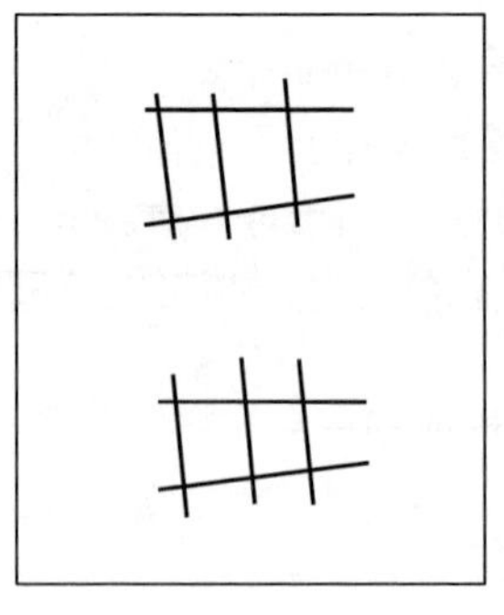

(a) 受到压力之前

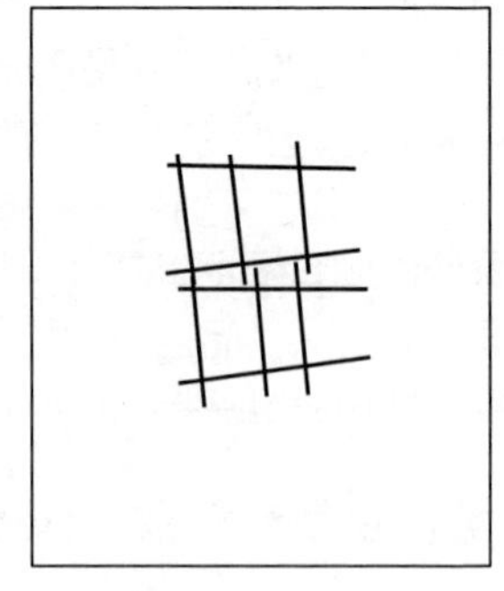

(b) 受到压力之后

图 4-4　网络状敏感材料

研究者使用的敏感材料的种类很多，比如，有人用还原氧化石墨烯和聚氨酯（PU）制备了一种海绵状的敏感元件；有人用银纳米线和聚吡咯（PPy）制备了另一种海绵状的敏感元件，用这种元件制备的传感器的灵敏度很高，可以检测出 4.93Pa 的压力变化；还有人用碳纳米管和聚合物制备敏感元件，它的灵敏度很高，可以检测出 0.004% 的微弱变形，柔性也很好，可以承受 150% 的应变。

我国南京大学的研究者和美国斯坦福大学的研究者合作，用聚吡咯（PPy）制备了一种柔性应力传感器的敏感元件，这种元件由很多个空心的聚吡咯微球组成，这些微球的弹性很好，当它们受到压力时，即使压力很小，这些微球的接触面积也会发生改变，从而电阻会发生变化。所以，用这种元件制造的传感器的灵敏度很高——可以检测到 1Pa 以下的压力，而且检测速度很快，只需要 50ms。图 4-5 是这种敏感元件的示意图。

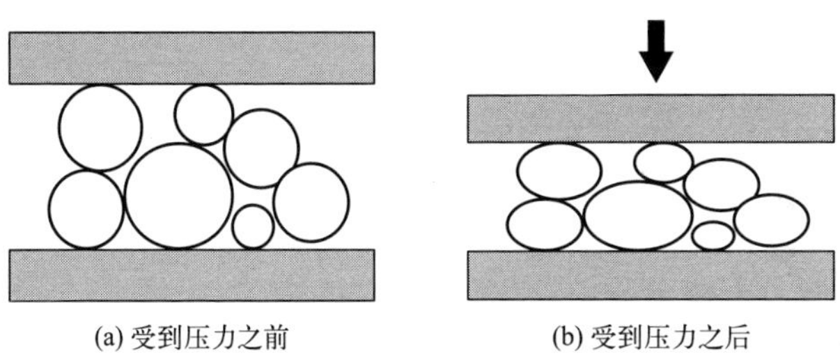

(a) 受到压力之前　　(b) 受到压力之后

图 4-5　聚吡咯空心微球组成的敏感元件

复旦大学的研究者研制了一种柔性压力传感器，它的敏感元件是微型的空心碳球，这些碳球分散在 PDMS 基体中，如图 4-6 所示。这种传感器的灵敏度很高，而且透明性很好。

有的研究者用碳纳米管和 PDMS 形成的复合材料制备了一种微球状的敏感元件，这种微球是实心的，受到压力时，微球的接触状态发生变化，里面的碳纳米管的接触面积也随之变化，从而电阻值产生改变，如图 4-7 所示。测试表明，用这种元件制造的传感器灵敏度也很高——可以检测出人的呼吸产生的压力。

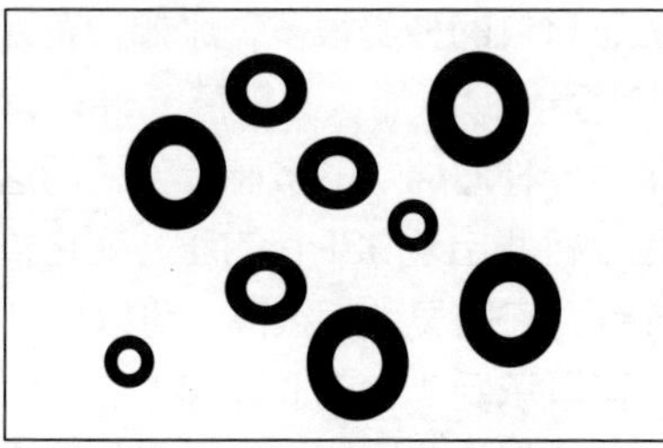

图 4-6　空心碳球和 PDMS 组成的柔性压力传感器的结构示意图

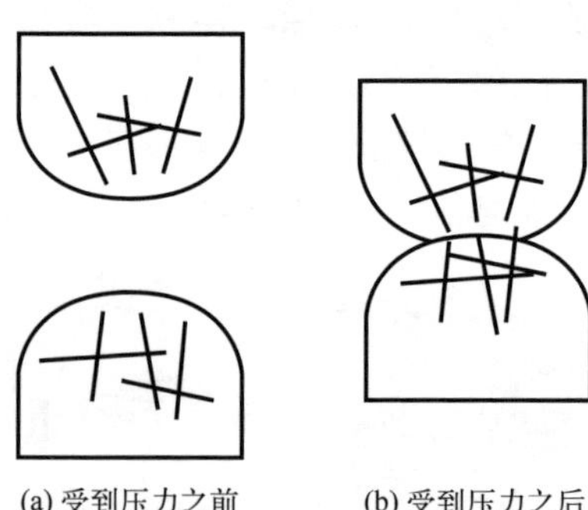

图 4-7　复合材料微球状的敏感元件

丝绸看起来很光滑，但是它的表面的微观结构实际上很粗糙，如图 4-8 所示。

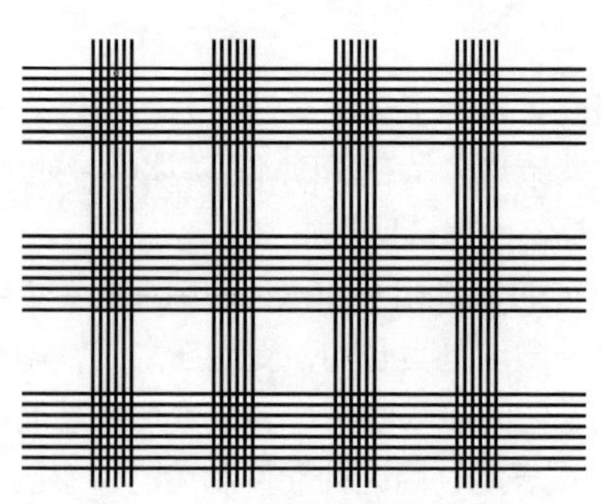

图 4-8　丝绸表面的微观结构

中国科学院苏州纳米技术与纳米仿生研究所的研究者仿照丝绸表面的微观结构，制备了一种 PDMS 薄膜，然后在薄膜表面沉积了一层碳纳米管，用 PDMS 薄膜和碳纳米管组成的结构作为一个电极，然后把两个这样的电极面对面地组合起来，形成了一种敏感元件。用这种元件研制了一种柔性应力传感器，这种传感器的灵敏度很高——可以测出一只蚂蚁的体重（约 10mg）。

2. 电阻式可拉伸应力传感器

可拉伸应力传感器具有较好的弹性，适合制备电子皮肤等产品。这种传感器一般是用弹性材料作为衬底，把敏感元件和衬底组合起来。比如，有的研究者用 PDMS 作为衬底，用 PEDOT：PSS 和水性聚氨酯（PUD）作为敏感材料，制备了一种电阻式可拉伸压力传感器，灵敏度很高。

这种传感器的制备方法比较多，比如过滤法、打印法、转移 / 微模板法、涂层法、液态混合法等。

① 过滤法　这种方法是先把导电材料分散在溶液里，然后进行过滤，让导电材料形成薄膜，再把薄膜转移到弹性衬底上，制备成电阻式可拉伸应力传感器。

比如，有的研究者用石墨烯和纳米纤维素的混合物作为导电材料，用过滤法制备了薄膜，然后把薄膜转移到弹性材料 PDMS 衬底上，制备了可拉伸应力传感器。

② 打印法　这种方法是先制备导电油墨，然后用专用的打印机把油墨打印在弹性衬底表面，或者先打印在刚性衬底表面，再转移到弹性衬底表面，形成可拉伸传感器。这种方法的优点是效率很高，可以进行大规模制备。

有的研究者用硅油和炭黑微粒制备了导电油墨，用 3D 打印技术制备了一种可拉伸传感器，它的弹性很好——拉伸应变可以达到 1000%。

③ 转移 / 微模板法　这种方法是先用模板制备敏感元件，然后把它转移到弹性衬底上。比如，有的研究者制备了一种碳纳米管薄膜，然后转移到 PDMS 衬底上，制备了可拉伸传感器，它的弹性和抗疲劳性都很优异——可以承受 10000 次应变为 280% 的拉伸变形。

有的研究者用铜网作为模板，在上面沉积了一层网状的石墨烯薄膜，然后把石墨烯薄膜取下来，转移到PDMS薄膜上，制备了一种敏感元件。用它制造的可拉伸传感器的弹性很好，而且灵敏度很高——可以检测到人的脉搏、眨眼、呼吸等微弱信号。图 4-9 是制备方法的示意图。

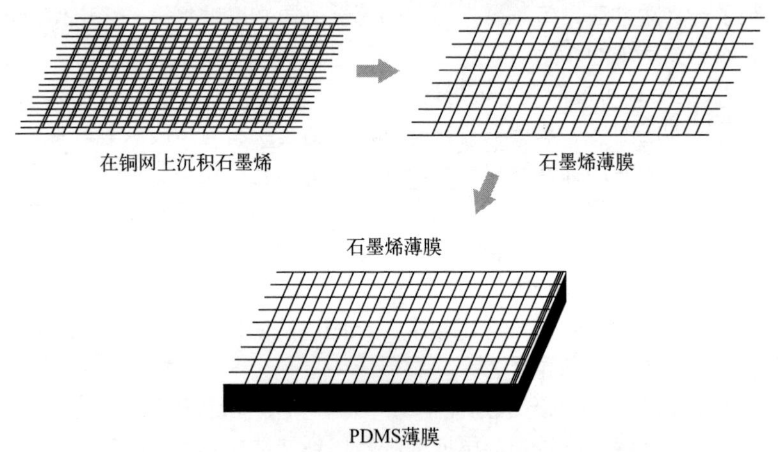

图 4-9　石墨烯和 PDMS 薄膜制备的可拉伸传感器的敏感元件

④ 涂层法　这种方法是在弹性衬底上直接制备敏感元件的涂层。比如，有的研究者在 PET 衬底上喷涂了一层碳纳米管和纳米石墨片组成的涂层，制造了一种柔性可拉伸传感器。

⑤ 液态混合法　这种方法是把敏感材料的微粒加入到液态的弹性衬底材料中，混合均匀，然后进行固化，得到可拉伸传感器的敏感元件。和前面几种方法相比，这种方法最明显的优点是：敏感材料和弹性衬底互相融合在一起，疲劳性能很好，可以经受多次变形，敏感材料和弹性衬底也不会发生剥离。

有的研究者把炭黑微粒和碳纳米管作为敏感材料，把它们加入到液态的 PDMS 中，经过固化加工后，制备了可拉伸传感器。

3．电容式柔性应力传感器

这种传感器的核心结构是电容器，电容器的两个电极板一般是用弹性比较好的材料制造的，如 PDMS、PI、Ecoflex 等，在弹性材料的表面涂覆一层导电材料，如图 4-10 所示。

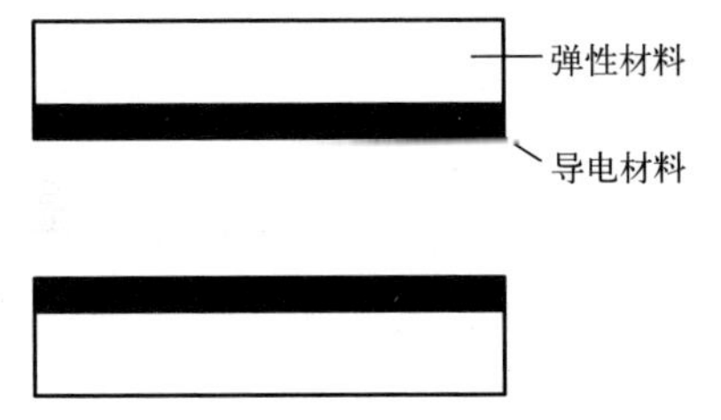

图 4-10　电容式柔性应力传感器的结构示意图

这种传感器受到外界的作用力时，两个电极板的间距会发生变化，使电容器的电容值发生变化，通过测量电容值的变化情况，就可以检测外界的作用力。

普通的电容器的电极板是平面结构，当外界的作用力很小时，两个电极板的间距变化很小，电容值的变化也很小，不容易测量出来，所以，利用这种电容器制备的传感器的灵敏度不高。为了提高传感器的灵敏度，有的研究者对电极板进行了巧妙的设计。比如，2014 年，斯坦福大学的研究者用 PDMS 制作了一种电极板，下面的电极板是普通的平面结构，上面的电极板的表面有很多个微型的四棱锥，好像金字塔一样，如图 4-11 所示。

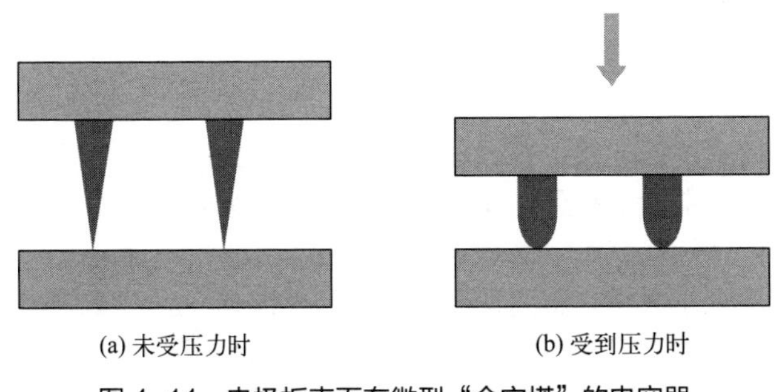

图 4-11　电极板表面有微型“金字塔”的电容器

这种结构使传感器的灵敏度得到了有效的提高，因为电容器即使受到很小的压力，四棱锥微结构也容易发生变形，使电容值发生改变。研究者指出，用这种电容器制备的传感器甚至可以检测出人体内毛细血管的跳动。

有的研究者用电容式应力传感器开发了一种实用性产品——智能机器人的手。他们用弹性材料 Ecoflex 制造了一个手套，手套的内、外表面有很多对微型的电极板，每对电极板构成一个微型的电容式应力传感器，所以，整个手套上就布满了应力传感器，可以检测各个位置受到的作用力，从而能模拟人手的触觉。研究者提出，将来可以用这种产品制造智能机器人的手，当然，也可以用这种方法制造机器人其它部位的皮肤，从而让机器人具有触觉。

4. 压电式柔性应力传感器

这种传感器的敏感元件用压电材料，比如锆钛酸铅压电陶瓷（PZT）、氧化锌（ZnO）等制造，衬底使用柔性材料，如 PDMS、PS 等。有的研究者用 ZnO 纳米线作为压电材料，用 PS 作为衬底制备了一种压电式柔性应力传感器，它承受的拉伸应变可以达到 50%。

由于压电材料在受到压力时会产生电荷，于是有的研究者巧妙地利用这一点，既用它制备应力传感器，又用它制备电池，为传感器供应能量，实现了“一箭双雕”的效果。

5. 柔性光纤应力传感器

光纤传感器是用光纤制造的，它的原理是光线在光纤中传播时，如果受到外界的影响，光线的一些性质（如强度、波长、频率等）会发生变化，所以，通过测试光线的性质，就可以检测外界的一些信息。

对光纤应力传感器来说，它由光纤和光源组成：光源发射光线，光线从光纤中通过。如果传感器即光纤受到外界的压力，直径会变小，或者光纤发生弯曲，这样到达光纤对面的光线的强度会变弱，所以，通过测试光线的强弱，就可以检测受到的压力。

美国康奈尔大学的研究者研制了一种柔性光纤应力传感器，光纤是由弹性很好的聚氨酯制造的，光纤上还连接着很多个 LED 灯。当传感器的某个位置受到外界的应力时，那个位置处的 LED 灯会发亮，从而显示出承受应力的位置。而且，受到的应力类型不同时，LED 灯发出的颜色也不同，所以可以表明光纤发生的变形的类型，如拉伸、弯曲、压缩等。这种传感器可以制造成智能手套，检测手指各个关节的受力情况。

三、柔性应力传感器的新进展

近年来，柔性应力传感器又取得了一些新的进展。

1. 新型敏感材料

蚕丝一向被称为“纤维皇后”，它的柔性、强度都很好。清华大学的研究者用蚕丝为原料，经过一定的处理，使它具有“纳米石墨晶－微米级纤维－宏观编织图案”的特殊结构，用它作为敏感元件，制备了一种柔性传感器。这种传感器具备优异的柔性、灵敏度、强度，可以承受10000 次应变为 500% 以上的拉伸变形。

测试表明，这种传感器既可以检测人体幅度比较大的运动，比如跑步、跳跃，也可以检测幅度很小的运动，甚至能检测脉搏、呼吸等微弱信号。

水凝胶是一种新型材料，具有良好的柔性和生物相容性。有的研究者用它作为基底材料，制备柔性应力传感器。也有研究者在水凝胶里加入一些导电材料，作为敏感元件，制备了多种形式的柔性应力传感器，包括电阻式、电容式、压电式的等。

2. 复合式柔性应力传感器

美国得克萨斯大学奥斯汀分校的研究者研制了一种复合式的柔性压力传感器——它同时利用了电阻和电容的压力效应。它的制造方法是这样的：先用碳纳米管和弹性很好的聚合物 Ecoflex 制造一种导电的多孔纳米复合材料；然后，用两个由金薄膜和聚酰亚胺薄膜组成的柔性电极把一片导电多孔纳米复合材料薄膜夹在中间，在电极和多孔纳米复合材料之间各有一层厚度为 500nm 的绝缘的 PMMA 薄膜。这样，整个结构包括两个分别由“金薄膜和聚酰亚胺薄膜－PMMA－导电多孔纳米复合材料”组成的电容器，如图 4-12 所示。

这种传感器具有很高的灵敏度——可以检测出一只果蝇的体重（0.7mg）以及人的颈动脉的跳动。另外，它有很好的柔性，可以承受弯曲半径为 1mm 的弯曲，研究者预计它的最小弯曲半径可以达到271μm（0.271mm）。

3. 柔性多功能触觉传感器

中国科学院的研究者研制了一种柔性多功能触觉传感器，它可以检

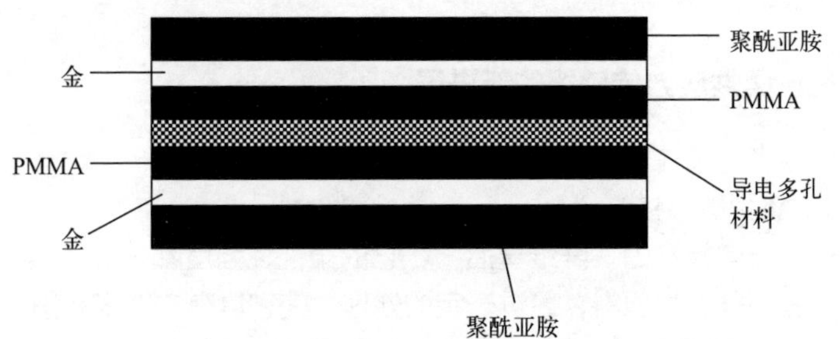

图 4-12 复合式柔性应力传感器的结构示意图

测压力、温度，还可以识别出和它接触的材料种类。这种传感器的敏感材料有两种。

第一种是由PDMS和石墨烯组成的具有海绵结构的导电复合材料，这种材料一方面可以检测压力，另一方面，它具有热电效应，即温度变化时，它的电性能也会发生改变，所以，它也可以检测温度。

第二种敏感材料是聚四氟乙烯（PTFE）薄膜，其它材料和聚四氟乙烯薄膜接触时，材料的种类不同，聚四氟乙烯薄膜产生的电信号也不同，所以可以对接触的材料进行识别。这种传感器很像人类的皮肤，具有多种触觉。

整个传感器的结构类似于三明治，其中，电极由表面覆盖银纳米线的铜箔构成。图 4-13 是传感器的结构示意图。

图 4-13 柔性多功能触觉传感器的结构示意图

第三节　柔性化学传感器

一、化学传感器的常见类型

化学传感器可以检测物质的化学成分，在很多领域都有重要应用。

根据检测对象的不同，化学传感器有气体传感器、生物传感器、湿度传感器等类型。

1．气体传感器

气体传感器可以检测气体的化学成分和含量。在环境污染、公共安全等领域有重要作用。

气体传感器的种类比较多，比如半导体气体传感器、电容式气体传感器等。

在半导体气体传感器中，敏感元件由半导体材料制造，这种材料的表面如果吸附了一些气体分子，它的电阻会发生变化，而且气体的化学成分或数量不同，电阻值也不同。

在电容式气体传感器中，敏感元件是一个电容器，它吸附气体分子后，电容值会发生变化。气体的化学成分或数量不同，电容值也不同。

2．生物传感器

生物传感器是利用生物活性材料作为敏感元件，对物质进行检测，在医疗、环保、化学、食品、药品等行业中应用很广泛。

3．湿度传感器

空气的湿度不仅会影响人们的日常生活，而且对农业、电子制造、医药、文物保护等行业具有重要的影响。

空气的湿度用以表征水蒸气的含量，湿度传感器通过测量空气中的水蒸气的含量来确定湿度。

湿度传感器的类型比较多，常见的有电阻式湿度传感器和电容式湿度传感器。在电阻式湿度传感器中，水蒸气会使敏感元件（湿敏电阻）的电阻值发生变化；在电容式湿度传感器中，水蒸气会使敏感元件的电容量发生变化。

二、柔性化学传感器的常见类型

1．柔性气体传感器

有的研究者在聚乙烯醇薄膜里加入纳米氧化铜微粒，作为敏感材料，制备了一种柔性气体传感器，这种传感器可以检测空气中的 H_2S 气体。

有的研究者用碳纳米管或石墨烯等作为敏感材料，用聚合物作为衬底，制备了一种柔性气体传感器。

量子点是由少数原子组成的一种纳米材料，它的尺寸很小，在三个空间方向上的尺寸都是纳米数量级，一般在 2 ~ 20nm 的范围内。量子点具有很多奇异的性质，目前受到很多研究者的关注。有的研究者在石墨烯量子点中掺杂了硫和氮原子，用它作为敏感材料，用聚氨酯作为衬底，制备了一种柔性气体传感器，可以检测空气中的氨气，而且柔性很好。

有的读者看过《007　大战皇家赌场》，其中有一个惊心动魄的情节，大家应该记得：赌场的侍者递给 007 一杯酒，这杯酒看起来并没有什么异样，也闻不到异味。007 不假思索，喝了一口，结果中了毒。原来，对手事先在酒里放了特殊的毒药，这种毒药无色无味。后来，在总部的专家和搭档的帮助下，007 才死里逃生。

可以想象，在未来的某一天，总部的专家可能会为 007 配备新型装备——微型的柔性气体传感器，它可以安装在 007 的衣领、袖口、戒指或手指上，这样，他在吃饭、喝酒前就可以不动声色地检验食品的安全性了。

2．柔性生物传感器

近几年，很多研究者对人体汗液的化学成分很感兴趣，因为可以根据它了解人体的很多信息。比如，汗液中含有一种叫皮质醇的物质，这种物质被叫作“压力激素”，当人感到精神有压力时，身体会分泌较多的皮质醇，汗液中的皮质醇的含量会提高，所以，通过检测汗液里的皮质醇的浓度，可以了解人的心理健康状况，从而能及早预防抑郁、焦虑等心理障碍。

美国加州大学洛杉矶分校的研究者研制了一种柔性可穿戴生物传感

器，可以检测人体汗液中的皮质醇，并可以通过无线传输，把检测结果传到手机上。

沙特阿卜杜拉国王科技大学（KAUST）的研究者用导电水凝胶研制了一种生物传感器，可以检测汗液的化学成分。我们知道，当肌肉疲劳时，会产生较多的乳酸，汗液的 pH 值就会发生变化。所以，这种传感器可以用来监测肌肉的疲劳程度，在体育运动中具有很好的应用前景。

日本东京大学的研究者研制了一种生物传感器，它是依据一种叫"表面增强拉曼散射"（SERS）的效应制造的。它使用的材料是纳米网络状的聚乙烯醇（PVA）薄膜，薄膜表面涂覆了一层金薄膜，金薄膜的厚度只有 150nm。在使用的时候，把这种传感器贴到人体的皮肤上，然后用水把 PVA 薄膜溶解，只留下金薄膜，金薄膜和皮肤接触，会产生 SERS 效应，通过拉曼光谱仪的测试，就可以检测人体的很多信息，比如汗液的化学成分和尿素、抗坏血酸以及人体内残留的一些药物等，如图 4-14 所示。研究者说，将来，这种传感器还可以检测人体内的血糖、病毒等物质，所以在医疗领域有很高的应用价值。

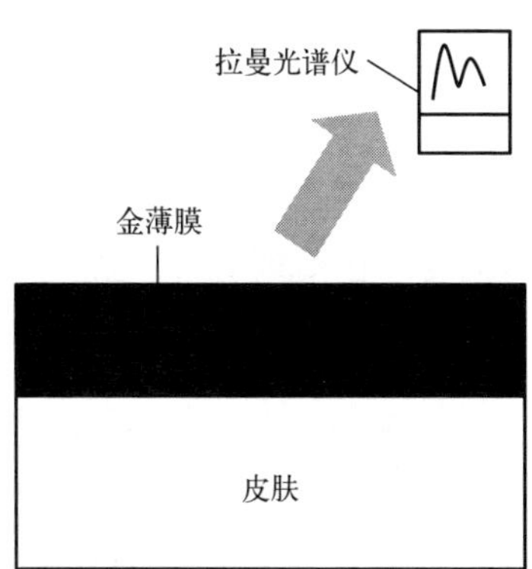

图 4-14 "表面增强拉曼散射"（SERS）生物传感器

美国西北大学的研究者研制了一种柔性可穿戴生物传感器，它的核心部分是一种化学指示剂。这种指示剂会和汗液里的化学成分发生生物化学反应，反应的程度不同，指示剂的颜色也不同。这样，人们就可以根据指示剂的颜色，了解汗液的化学成分等指标，比如 pH 值或乳酸、葡萄糖含量等。

石墨烯有独特的表面性质：它的表面容易吸附很多物质，而且物质的化学成分不同，石墨烯的导电性等性质也会发生改变。美国普林斯顿大学的科学家利用石墨烯的这种性质，用它作为敏感元件，研制了一种生物传感器，它可以贴在牙齿上，检测人体内的细菌。

3. 柔性湿度传感器

有的研究者用纤维素和聚吡咯构成的复合材料制造敏感元件——湿敏电阻，用 PET 等材料作为衬底，制备了一种柔性电阻式湿度传感器。

有的研究者用木质素和还原的氧化石墨烯构成的复合材料制备湿敏电阻，用铜箔作为衬底，制备了一种柔性湿度传感器。它可以检测出人在呼吸前后空气湿度的变化情况。

有的研究者用银纳米微粒和聚 2- 羟乙基甲基丙烯酸酯（PHEMA）作为敏感元件，用 PET 作为衬底，制备了一种柔性电容式湿度传感器。

第四节　柔性光传感器

一、光传感器简介

光传感器也叫光探测器，用来探测各种光线，包括可见光、红外光、紫外光，以及 X 射线、宇宙射线等。它在摄影、安防、测量、通信、军事、天文等领域应用很广泛：手机摄像头、数码相机、摄像机等都使用光传感器，夜视望远镜也使用光传感器；在天文领域，科学家也试图利用光传感器寻找地外星系和外星人。2022 年，美国的詹姆斯 · 韦伯太空望远镜拍摄到距离地球约 6500 光年的宇宙奇观——“创生之柱”，好像几只怪兽在腾空而起，场面蔚为壮观。

光传感器的原理是光电效应，它的敏感元件受到光线照射后，电性能会发生变化，有的电阻发生改变，有的会产生电动势（这种现象就是光伏效应），还有的会向外部发射电子。

二、柔性光探测器敏感元件的常用材料

目前，人们研制的柔性光探测器的种类比较多，它们的敏感元件使用的材料主要有三类：硅薄膜、有机材料、纳米材料。

1. 硅薄膜

2013 年，美国伊利诺伊大学和西北大学的研究者研制了一种数码相机，它的镜头的形状比较特殊——类似于一些动物的复眼，呈半球形，整个镜头的直径只有 1.5cm，却包括 180 个微型镜头——柔性光探测器，这些光探测器的敏感材料是硅薄膜。

这种相机具有多方面的优点，比如可以实现接近 180° 的超广角拍摄，而且景深很大，图像清晰。研究者介绍说，这种相机可以用于无人侦察机、安监设备以及医学仪器等。

2. 有机材料

有机材料的柔性好，透明度高。有的研究者用一种叫有机铅三碘化物钙钛矿的有机材料制备了一种柔性光探测器。

3. 纳米材料

研究者用多种纳米材料，如 ZnO 纳米线、$CsPbBr_3$ 纳米片、钙钛矿纳米线、铅锡碲化合物纳米线、石墨烯、碳纳米管等制备了柔性光探测器。

有的研究者用碳纳米管和具有钙钛矿型结构的 $CsPbBr_3$（CPB）量子点为半导体层，研制了一种具有晶体管结构的柔性光传感器，它可以用于仿生智能感知、生物假体等领域，如图 4-15 所示。

<table>
<tr><td rowspan="2">源极</td><td>$CsPbBr_3$</td><td rowspan="2">漏极</td></tr>
<tr><td>碳纳米管</td></tr>
<tr><td colspan="3">Al_2O_3</td></tr>
<tr><td colspan="3">栅极</td></tr>
</table>

图 4-15 具有晶体管结构的柔性光传感器的结构示意图

第五节　柔性磁传感器

磁传感器是利用敏感元件的磁性变化来检测外界信息（如温度、光线、应力、电流、磁场等）的传感器。

磁传感器的种类比较多，在这部分，我们主要介绍其中一种——霍尔传感器。

一、霍尔传感器

霍尔磁传感器简称霍尔传感器，它是根据霍尔效应制造的一种磁传感器。

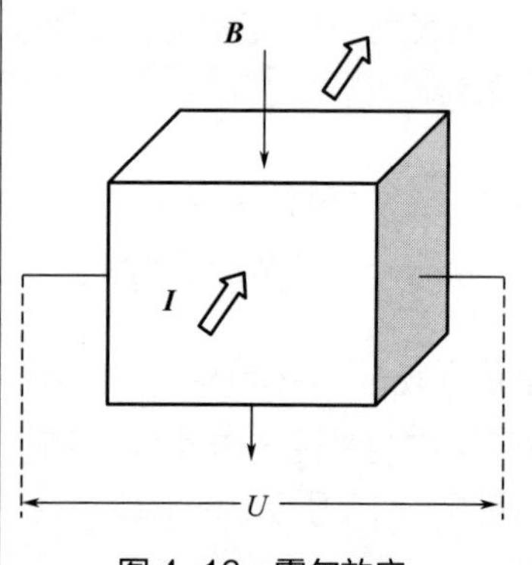

图 4-16　霍尔效应

1. 霍尔效应

霍尔效应是一种磁电效应，它是美国物理学家霍尔（E.H.Hall）在 1879 年发现的：如果在一块金属的两端通上电流 ***I***，然后在金属的垂直方向施加一个磁场 ***B***，那么，在垂直于电流和磁场方向的金属的两端，会产生一个电势差 *U*，人们把它叫作霍尔电压，如图 4-16 所示。

实际上，不只是金属材料具有霍尔效应，半导体材料也具有霍尔效应，而且半导体的霍尔效应比金属明显得多。另外，霍尔电压的大小和施加的磁场强度有关——磁场的强度越大，霍尔电压值越大。

2. 霍尔效应的应用——手机保护套

霍尔效应被发现后，人们利用它制造了很多电子元件，它们统称为霍尔元件。霍尔元件广泛应用在通信、计算机、自动化、机器人、检测等领域。

霍尔传感器也是一种霍尔元件，应用很广泛，常见的如一种手机保护套：我们知道，有的手机保护套具有智能性，就是合上时，手机屏幕会自动关闭，打开后，手机屏幕会自动打开。为什么这种保护套有这种功能呢？这是因为，这种保护套的翻盖并不完全是用塑料制造的，它里面有一些磁性材料，比如金属粉末或金属丝等。我们的手机里一般都安装着霍尔传感器，它可以检测到保护套的翻盖里的磁性材料：当翻盖打开时，里面的磁性材料距离手机里的霍尔传感器比较远，传感器周围的磁场是某个值，传感器把这个信息传送给处理器，处理器会使手机屏幕打开；当合上翻盖时，里面的磁性材料距离手机里的霍尔传感器比较近，所以会使传感器周围的磁场发生变化，传感器感知到这种变化，会向手机的处理器发出相关信息，处理器就会关闭手机屏幕；如果重新打开翻盖，传感器周围的磁场恢复原来的值，所以处理器又会打开手机屏幕。

另外，出租车里的计价器也是利用霍尔传感器制造的。

3. 霍尔效应和诺贝尔奖

霍尔效应从被发现到现在，已经历了将近 150 年的时间，但是人们对它的研究一直没有中断，它表现出强大的生命力：1980 年，德国物理学家冯·克利青（Klaus von Klitzing）发现了整数量子霍尔效应，由此获得了 1985 年的诺贝尔物理学奖；1982 年，美籍华裔物理学家崔琦和美国物理学家施特默发现了分数量子霍尔效应，1983 年，美国物理学家劳克林对这种现象进行了理论解释，他们三人共同获得了 1998 年的诺贝尔物理学奖。今天，仍有很多科学家在研究霍尔效应，比如，有人提出，石墨烯里的量子霍尔效应和普通的量子霍尔效应存在差别，人们把这种现象称为异常量子霍尔效应。

二、柔性霍尔传感器

2015 年，德国的科学家用聚酰亚胺（PI）和聚醚醚酮（PEEK）等有机物作为衬底，用金属铋薄膜制备了一种柔性霍尔传感器，它可以承受弯曲半径为 6mm 的弯曲变形。

2016 年，德国的科学家用石墨烯制备了一种柔性霍尔传感器，它可以承受弯曲半径为 4mm 的弯曲变形，而且灵敏度也很高。

柔性存储器

电影《007 大破天幕杀机》是以一块电脑硬盘开始其情节的：英国的军情六处（MI6）派遣了很多特工，潜伏在世界各地的恐怖组织里，这些特工的所有信息都存储在这块硬盘里。但是，有一天，硬盘却不翼而飞。于是，詹姆斯·邦德奉命去追回硬盘，由此开始了又一次危机四伏的冒险旅程。

硬盘、软盘、光盘、U 盘都属于存储器。存储器是电子产品的重要组成部分，用来保存各种数据和信息，包括文档、图片、视频、音频等。存储器的性能是影响电子产品总体性能的一项重要指标。随着人类进入大数据时代，存储器的作用变得更加重要，近年来，存储器的市场规模不断扩大，2021 年达到了 1530 亿美元。

第一节　常见存储器类型

一、SD 卡和 TF 卡——半导体存储器

存储器有多种类型，不同的类型适用于不同的产品，比如，数码相机和平板电脑使用的存储器主要是 SD 卡，它是由日本松下电器公司、东芝公司和 SanDisk 公司在 1999 年推出的。

手机使用的存储器是内存卡，早期的手机的内存卡也是 SD 卡。2004 年，SanDisk 公司和摩托罗拉（Motorola）公司研发了 Micro SD 卡，也叫 TF 卡，它的体积比 SD 卡小得多，所以从那之后，手机基本都使用 TF 卡了（现在的手机很少使用内存卡了）。而且，现在的一些数码相机和平板电脑也使用 TF 卡。2019 年，美国西部数据（Western Digital）公司制造了存储量达 1TB 的 Micro SD 卡。

二、电脑硬盘——磁存储器

电脑使用的存储器包括内存储器和外存储器。内存储器就是我们常说的内存，外存储器包括我们熟悉的硬盘以及软盘、光盘、U 盘等。

电脑的硬盘和软盘通过磁性材料存储信息，所以这类存储器叫磁存储器。

1. 硬盘的存储原理

一块电脑硬盘由多个磁盘片组成，磁盘片的表面涂覆了一层磁性材料，涂层是由大量尺寸特别细小的磁性材料微粒组成的，这些微粒构成一定数量的小单元，每个小单元具有一定的面积，所以，整个涂层是由若干个小单元组成的。人们利用这些小单元的磁化状态存储信息，比如，如果小单元在某个方向有磁性，就代表二进制数字 1，如果在相反的方向有磁性，代表二进制数字 0，如图 5-1 所示。

2. 数据读头

在磁盘面的上面有一个零件叫数据读头，读头的作用是读取磁盘里存储的信息。这是因为，读头是用特殊的材料制造的，这种材料具

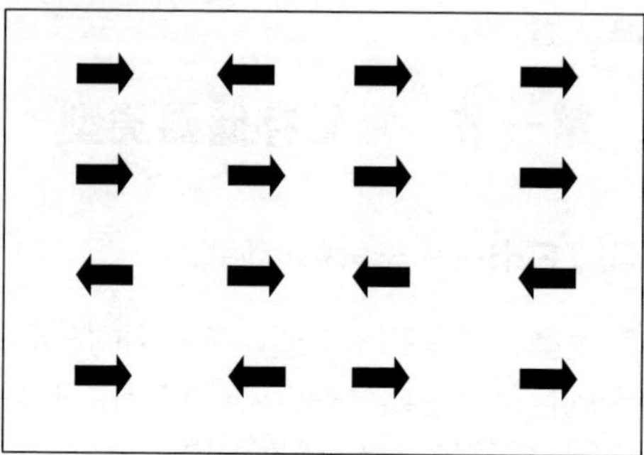

图 5-1　磁记录单元

有一种性质叫磁阻效应，就是它的电阻值会受到周围磁场的影响，如图 5-2 所示。

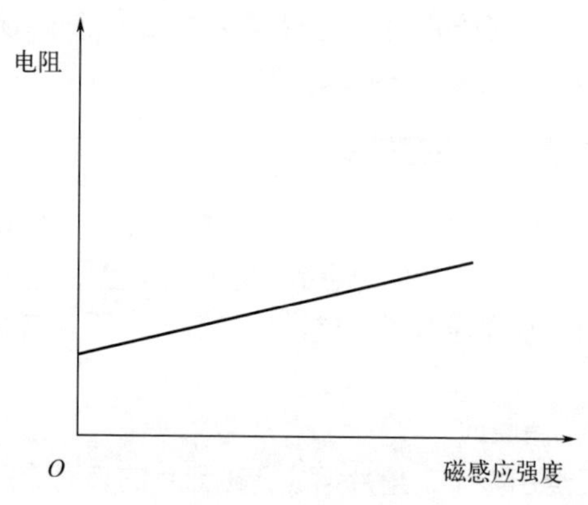

图 5-2　磁阻效应

当读头扫描磁盘表面时，由于磁盘表面的磁性涂层上的各个小单元的磁性不同，所以读头的电阻值也不同，把读头的电阻值测出来，就可以分辨出各个小单元存储的数字是 0 还是 1，这样，读头就能读取磁盘里的信息了。

3. 巨磁阻效应

在早期，硬盘的数据读头一般是用锰铁磁体材料制造的，这种材料有一个很大的缺点，就是它的磁阻效应不太明显，也就是电阻值对磁场的敏感性不高：当外磁场的变化比较小时，它的电阻值变化也很小。这就使得磁盘片上的磁性材料涂层的小单元的面积不能太小，因为面积太小，这种读头的电阻基本不发生改变，就不能分辨 0 和 1 了，也就不能读取硬盘里的信息了。这样的后果就是磁盘片上的小单元的面积都比较大，所以，整个磁盘片存储的数据量就很有限，磁盘乃至整个硬盘的体积也比较大。无疑，这严重地限制了存储技术乃至电脑行业的发展。

1988 年，法国科学家阿尔贝 · 费尔（Albert Fert）和德国科学家彼得 · 格林贝格（Peter Grünberg）分别发现了一种奇怪的现象：有的材料即使在外磁场发生很微弱的变化时，电阻也会发生显著的变化，变化幅度比普通材料高十几倍。费尔把这种现象叫作巨磁阻效应，如图 5-3 所示。

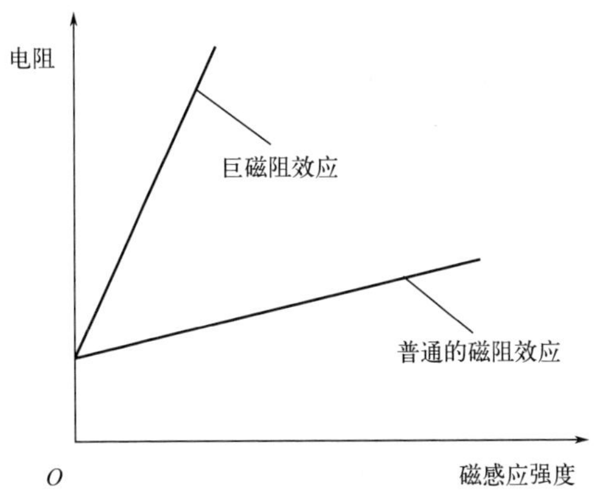

图 5-3　巨磁阻效应

他们的发现公布后，人们很快就利用它研制新型的硬盘读头，这种读头的灵敏度比传统读头高很多，这就使得磁盘片里表示 0 和 1 的小单元的尺寸可以大大缩小，从而使磁盘的存储量获得了大幅度的提高，同时也能大大减小硬盘的体积以及电脑的体积。

1994 年，IBM 公司成功研制了基于巨磁阻效应的数据读头，使磁盘的存储密度提高了几十倍，电脑硬盘的存储量从不到 10GB 增加到了几百 GB。1997 年，IBM 公司开始批量生产这种读头。从那之后，基于巨磁阻效应的硬盘广泛用于电脑、数码相机等产品中。

2007 年 10 月，瑞典皇家科学院宣布，由于发现了巨磁阻效应，阿尔贝 · 费尔和彼得 · 格林贝格获得当年的诺贝尔物理学奖。

近年来，随着大数据时代的到来，对硬盘的存储量的要求越来越高，所以，人们不断研制大容量的硬盘。2018 年 3 月 19 日，美国的 Nimbus Data 公司研制了当时世界上存储量最大的硬盘，容量达 100TB。如果一部电影的容量为 2GB，那么，这个硬盘可以存放 5 万部电影！当然，这个硬盘的价格也不菲：售价高达 40000 美元，折合人民币 30 万元左右。

第二节　柔性磁存储器

一、柔性磁存储器的概念与发展

柔性磁存储器一般用柔性材料作为衬底，然后在衬底上加工磁性材料薄膜，如图 5-4 所示。

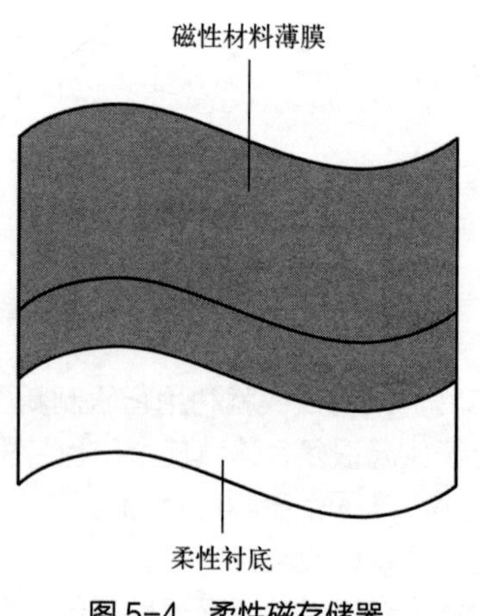

图 5-4　柔性磁存储器

1996年，IBM公司的研究者分别用PET和PI作为衬底，在上面沉积巨磁电阻材料薄膜，制备了柔性磁存储器。

2008年，德国的科学家用聚酯塑料作为衬底，在上面沉积了Co-Cu巨磁电阻材料薄膜。

2015年，德国的科学家制备了一种超轻薄的柔性磁存储器。它使用的衬底是超薄的PET薄膜，厚度只有1.4μm，巨磁电阻材料是Co-Cu薄膜。这种产品的柔性很好，能承受多次揉搓、抓握。另外，这种产品的密度特别小——可以漂浮在肥皂泡上。

除了使用有机物作为柔性衬底外，2015年，德国科学家用柔性较好的硅薄膜作为衬底，制备了一种柔性磁存储器。

二、可拉伸磁存储器

2011年，德国的科学家用PDMS作为衬底，用Co-Cu作为巨磁电阻材料，制备了一种可拉伸磁存储器，它可以承受4%的拉伸应变。

2015年，为了进一步提高可拉伸磁存储器的性能，研究者利用了仿生原理——模仿人类的胳膊肘外侧的皮肤结构，制备具有褶皱结构的存储器。我们知道，胳膊肘外侧皮肤的可拉伸性特别好，正常人的胳膊肘经历了无数次弯曲，但是皮肤仍没有发生破裂。

但是怎么模仿胳膊肘外侧的皮肤呢？研究者使用了一种很巧妙的方法：首先用PET薄膜作为衬底，在上面沉积一层巨磁电阻材料薄膜。实际上，到这一步，产品已经具有一定的拉伸性了。但是研究者并不满足，他们继续往下做：找来一块弹性很好的胶带，把它拉开，并固定住，接着，把上一步制备的沉积了巨磁电阻材料薄膜的PET薄膜粘贴到胶带上；粘贴好后，把胶带松开，让它恢复原形，这样，粘贴在它上面的PET薄膜就形成了一种褶皱结构，就像我们的胳膊肘外侧的皮肤一样。图5-5是制备过程的示意图。

经过测试发现，这种产品的可拉伸性很好——能承受270%的拉伸应变，而且能经受多次弯曲、拉伸等变形。

也有研究者用PDMS作为衬底，制备了具有褶皱结构的可拉伸磁存储器。

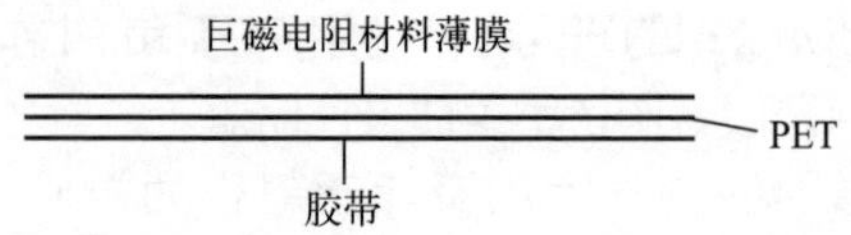

(a) 把沉积了巨磁电阻材料薄膜的PET薄膜粘贴到拉开的胶带上

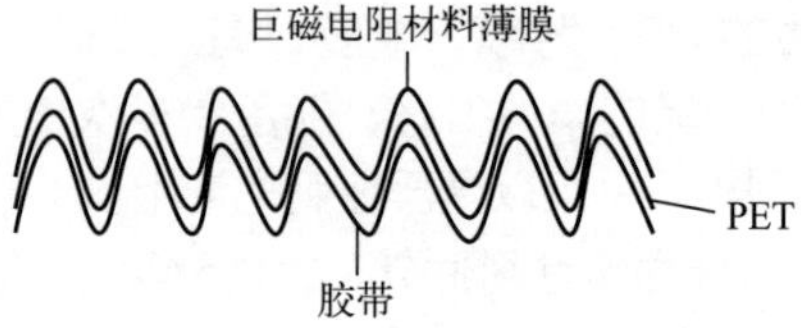

(b) 胶带松开后，形成类似胳膊肘外侧皮肤的褶皱结构

图 5-5　模仿胳膊肘外侧皮肤制备的可拉伸磁存储器

三、磁隧道结存储器

磁隧道结是一种特殊的结构：它由两片很薄的磁性金属片组成，金属片之间夹着一层特别薄的绝缘材料，绝缘材料的厚度只有 0.1nm 左右，如图 5-6 所示。

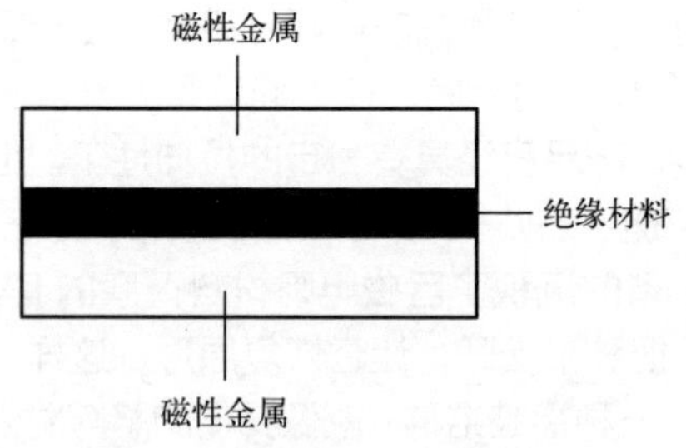

图 5-6　磁隧道结的结构示意图

磁隧道结有一个非常突出的特点，就是它也具有磁阻效应，而且比普通的巨磁阻材料的磁阻效应更明显。所以，它很适合制造新型的性能更好的存储器，比如容量更大的硬盘。另外，磁隧道结也可以用于制造

灵敏度很高的磁传感器。

法国巴黎大学的科学家用柔性材料作为基底，用 Co 作为磁性金属，用 Al_2O_3 薄膜做绝缘层，制备了一种柔性磁隧道结，可以用来制造新型的柔性磁存储器，如图 5-7 所示。

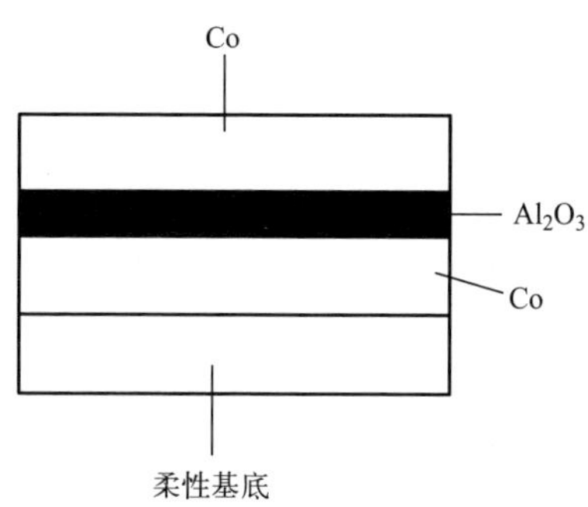

图 5-7　Co-Al_2O_3-Co 柔性磁隧道结存储器

2014 年，西班牙的科学家用聚酰亚胺作为衬底，分别用 Co 和 NiFe 合金作为磁性金属，用 Al_2O_3 薄膜作为绝缘层，制备了一种柔性磁隧道结。测试表明，它可以承受弯曲半径为 10mm 的弯曲变形，如图 5-8 所示。

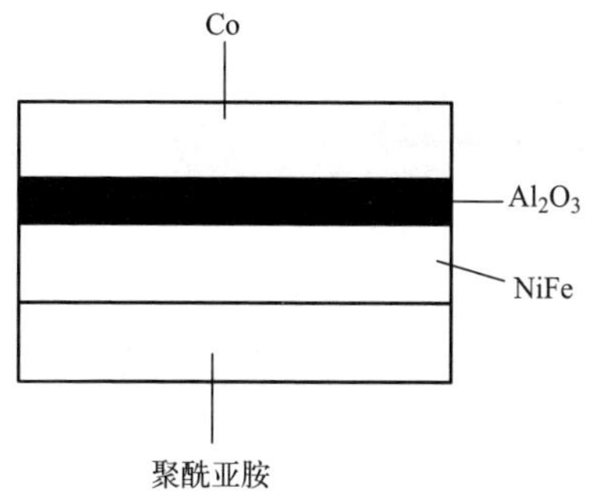

图 5-8　Co-Al_2O_3-NiFe 柔性磁隧道结存储器

2016 年，新加坡国立大学的科学家研制了一种柔性磁隧道结存储器。磁隧道结使用氧化镁（MgO）作为绝缘材料，基底使用的材料是聚对苯二甲酸乙二醇酯（PET），这是一种常见的塑料，很多矿泉水瓶就是用它制造的。

第三节　柔性阻变存储器

一、阻变存储器简介

阻变存储器（resistive random access memory，RRAM）是一种新型的存储器，它并不像硬盘一样利用磁性材料存储信息。它的核心部件是一种绝缘材料，对这种材料施加外电场时，如果外电场的电压发生改变，这种材料的电阻值也会发生高阻态和低阻态的可逆变化，人们用电阻值的这两种状态分别代表二进制数字 0 和 1，就可以实现对信息的存储。

图 5-9 是阻变存储器的结构示意图。

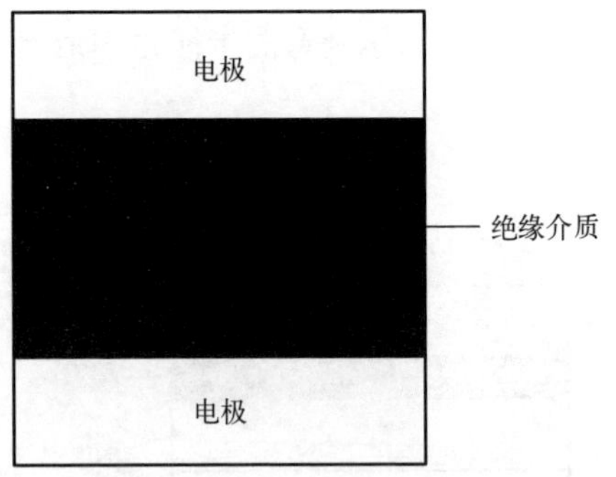

图 5-9　阻变存储器的结构示意图

阻变存储器具有多方面的优点，比如读写速度快、数据保持时间长，而且结构简单、体积小、能耗低、容易加工，所以具有广阔的应用前景。

二、柔性阻变存储器的结构材料

1. 柔性基板

柔性阻变存储器（图 5-10）使用的基板主要是高分子材料，如 PET、PES、PI、PDMS 等。其中，PDMS 可以制备可拉伸存储器，具有很好的弹性。

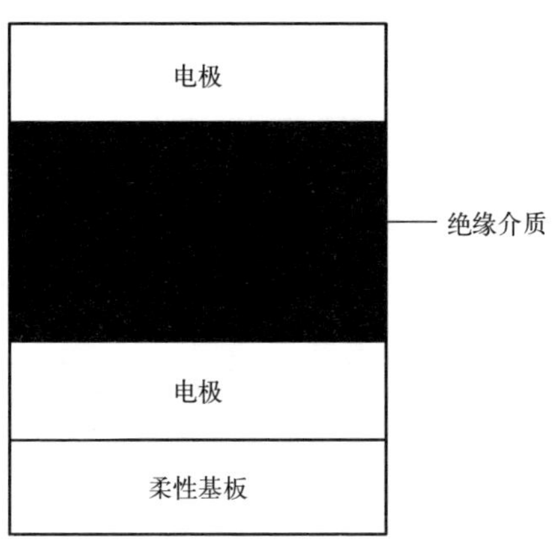

图 5-10　柔性阻变存储器

2. 绝缘介质

绝缘介质的种类比较多，包括无机材料、聚合物、复合材料等。

无机材料包括金属氧化物、硫化物等，它们的绝缘性很好，但是柔性较低，为了改善柔性，常用的一种方法是减小它们的厚度。

聚合物的柔性比较好，有的绝缘性也比较好，是理想的绝缘介质。

2022 年，郑州大学的研究者用两种有机物——β- 环糊精和聚苯胺为原料，研制了一种新型的聚合物，简称为 CPR1。研究者用这种材料作为绝缘介质，用 PET 薄膜作为衬底，研制了一种柔性阻变存储器，如图 5-11 所示。

测试表明，这种存储器的柔性很好，最小弯曲半径可以达到 3mm。

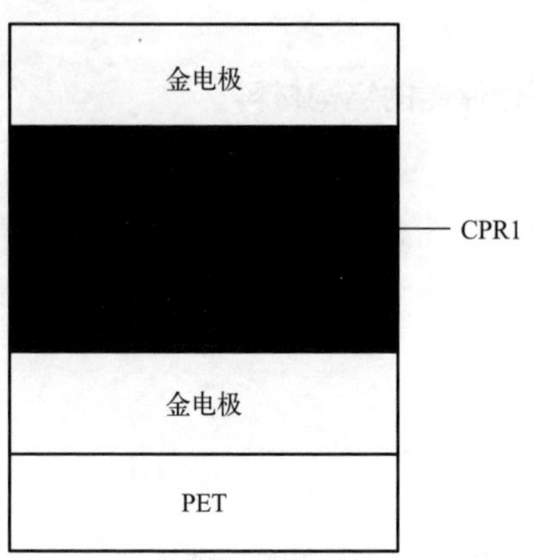

图 5-11　CPR1 为绝缘介质的柔性阻变存储器

近年来，研究者也在开发新型的存储介质（即绝缘介质），比如纳米材料、生物材料、复合材料等，取得了较好的效果。比如，美国普渡大学的研究者用二维的二碲化钼（$MoTe_2$）薄膜作为绝缘介质，研制了一种阻变存储器，这种存储器的信息读取速度快，功耗低，如图 5-12 所示。

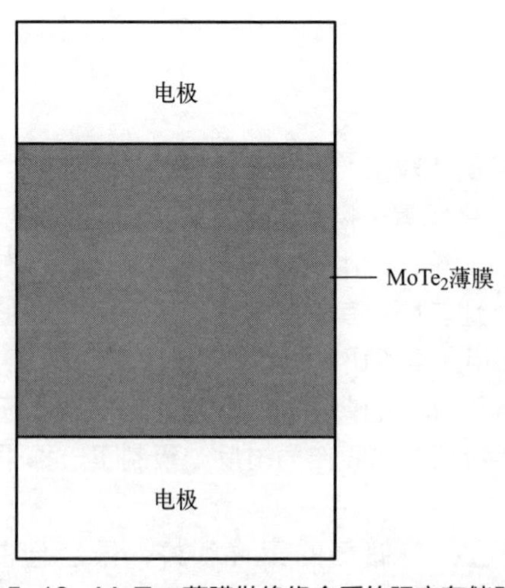

图 5-12　$MoTe_2$ 薄膜做绝缘介质的阻变存储器

韩国科学技术研究院的研究者研制了一种柔性阻变存储器。这种存储器用CdSe-ZnS量子点和二维纳米氮化硼（BN）薄膜作为绝缘介质，如图5-13所示。这种存储器具有超薄结构，存储密度大，柔性好，而且透明度高。

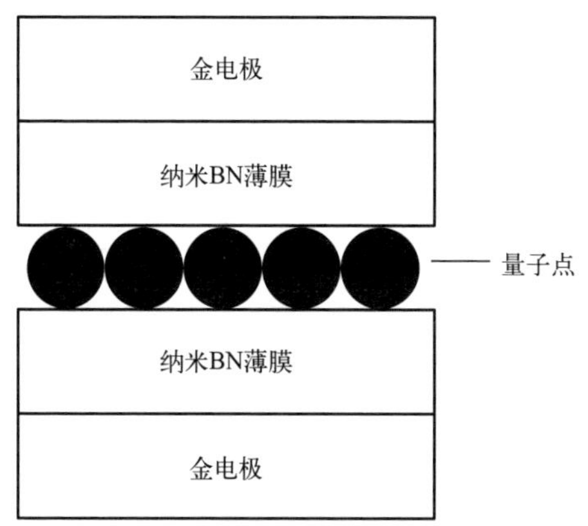

图 5-13　基于量子点和纳米材料薄膜的柔性阻变存储器

3. 电极材料

传统的电极材料有金属和导电氧化物等。但是它们的柔性有时候不能满足要求，所以，近年来人们开始探索新型的柔性电极材料。其中一类是前面提到的高分子复合材料，就是在高分子材料里加入导电性好的材料，如炭黑颗粒、金属粉、纳米金属线、碳纳米管、石墨烯等。另一类是新型材料，如碳纳米管、石墨烯等。这些新型的柔性电极材料同时具备优异的导电性和柔韧性，是理想的柔性电极材料。

清华大学微电子所的研究者研制了一种新型的阻变存储器，它用铝作为顶电极，用双层石墨烯作为底电极，用铝和石墨烯界面处形成的几个纳米厚度的铝的氧化层 AlO_x 作为阻变层。此外，这种存储器的结构和晶体管很像，所以具有晶体管的功能：对它施加栅电压，可以使电场穿透双层石墨烯，这样，AlO_x 中的氧离子的浓度会发生改变，存储器的存储密度会大大提高。

图 5-14 是这种存储器的结构图。

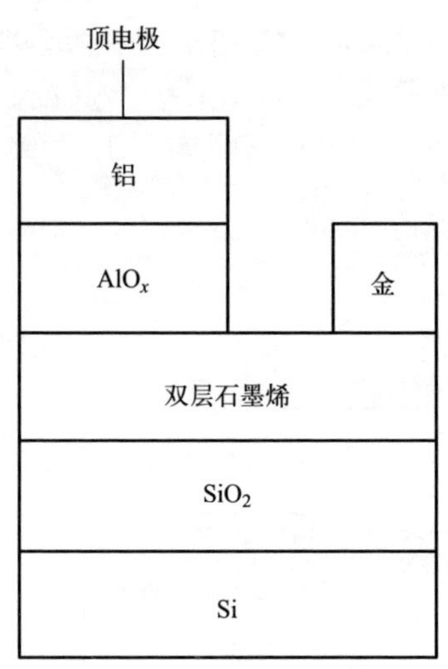

图 5-14　基于铝 - 双层石墨烯的阻变存储器

第四节　新型柔性存储器

一、光存储器

光存储器是利用光学方法存储数据的存储器，具体包括多种类型，其中，光盘是我们很熟悉的一种光存储器。光盘存储数据的原理是用激光在光盘表面加工很多个凹坑，需要说明的是，凹坑和非凹坑本身并不代表 0 或 1，而是凹坑的边缘代表 1，凹坑底部的平坦部分和光盘表面的平坦部分表示 0。这样做的好处是可以充分利用光盘的表面积，提高光盘的存储容量。图 5-15 所示是光盘上加工的信号坑。

除了光盘外，人们还经常使用其它类型的光存储器。2016 年，法国斯特拉斯堡大学的研究者研制了一种柔性光存储器，存储材料是一种有机纳米材料，叫二芳基乙烯（DAEs）。用不同波长的光线照射时，这种材料会存在不同的状态，所以可以制造光存储器。二芳基乙烯是一种优异的光致变色材料，它的光转化效率高，响应速度快，而且耐热性

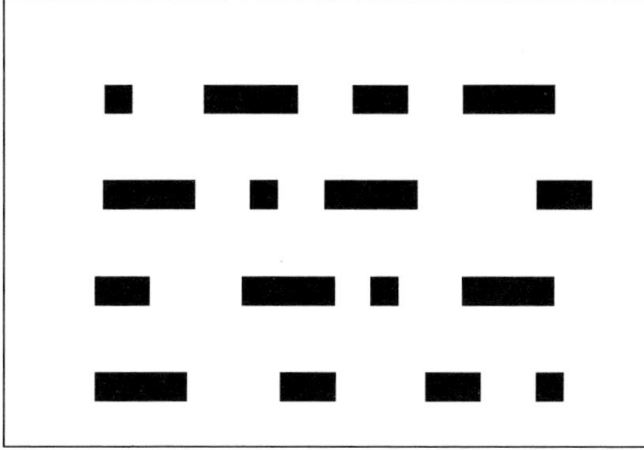

图 5-15　光盘上的信号坑

好，抗疲劳性也很好，可以多次使用。用它做光存储器，存储和读取速度都很快，而且使用寿命长。

2018 年，北京印刷学院的研究者设计了一种柔性透明的光存储器，它的结构是层状的，包括透明的上电极层、透明存储层、透明的下电极层、基底。透明的存储层是掺杂了一些量子点的 TiO_2 薄膜，当受到光线的照射时，薄膜的电阻会发生改变。上电极层和下电极层是用 PI 薄膜制造的，薄膜表面覆盖了一层纳米金属导电墨水。基底是 PDMS 薄膜。图 5-16 是这种光存储器的结构示意图。

上电极
存储层
下电极
基底

图 5-16　柔性透明的光存储器的结构示意图

二、铁电高分子柔性存储器

铁电材料是一种新材料，它们具有一种独特的性质，叫自发极化，也就是它们在不受到外电场作用时，内部的正、负电荷中心也会发生分离，从而出现极化现象。

但是，铁电材料的自发极化会受到外界电场的影响：如果对铁电材料施加一个外电场，它的自发极化的方向会和外电场的方向一致，如图 5-17 所示；如果外电场改变为相反的方向，自发极化的方向也会改变为相反的方向。

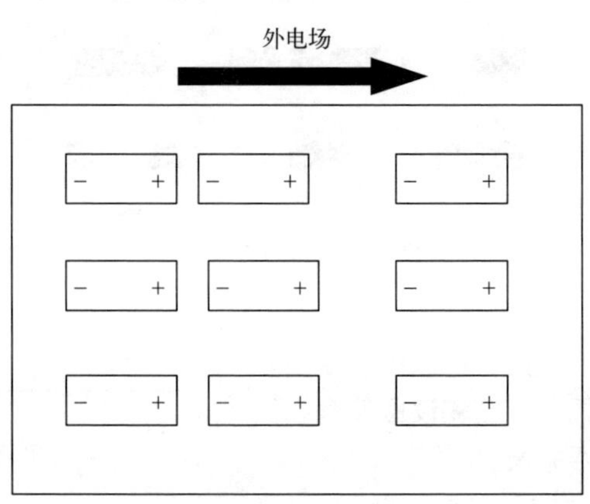

图 5-17　铁电材料的自发极化会受到外界电场的影响

在早期，人们发现的铁电材料主要是一些无机材料，后来，人们发现一些高分子材料也具有铁电性，它们就是铁电高分子材料。

有的研究者提出，可以用铁电高分子材料制造存储器：施加外电场时，材料的极化方向和外电场一致，把外电场去除后，极化方向改为原来的方向，所以，可以用这两种状态分别代表二进制数字 1 和 0，实现对信息的存储。

南京大学的研究者使用集成电路行业常用的光刻技术，制备了一种铁电高分子材料纳米阵列，用来制造柔性存储器。测试结果表明，这种存储器的存储密度可以达到 75Gb/in^2，最大可以达到 2Tb/in^2。❶

图 5-18 是铁电高分子材料纳米阵列的示意图。

❶ in，即英寸。1in=2.54cm。

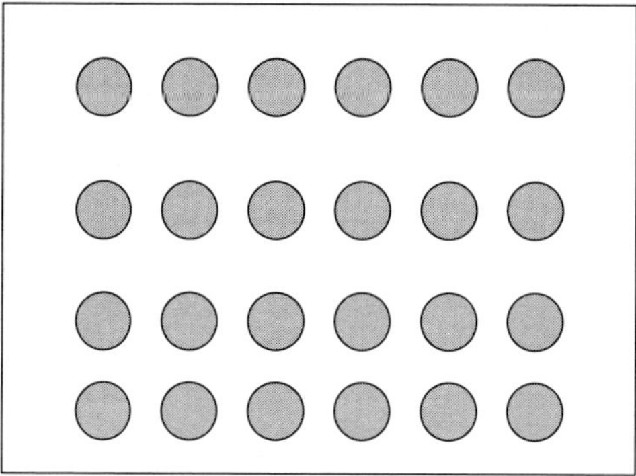

图 5-18　铁电高分子材料纳米阵列示意图

三、柔性相变存储器

相变存储器是利用一些材料的相变现象研制的存储器。“相”指材料的特定的状态，比如水、冰、水蒸气属于水的三种状态，这就是三种“相”；金刚石和石墨是碳元素的两种状态，也是两种相。在一定的条件下，比如给某种“相”加热或冷却，材料可以从一种相转变为另一种相，比如，冰和水可以互相转变，金刚石和石墨也可以互相转变，这种现象叫相变。

人们发现，材料发生相变后，导电性也会发生改变，于是就用导电性的两种状态分别代表二进制数字 0 和 1，用来进行信息存储，这就是相变存储器。

多数材料发生相变都需要比较高的温度，所以相变存储器中都有一个加热装置。图 5-19 所示是相变存储器的结构。

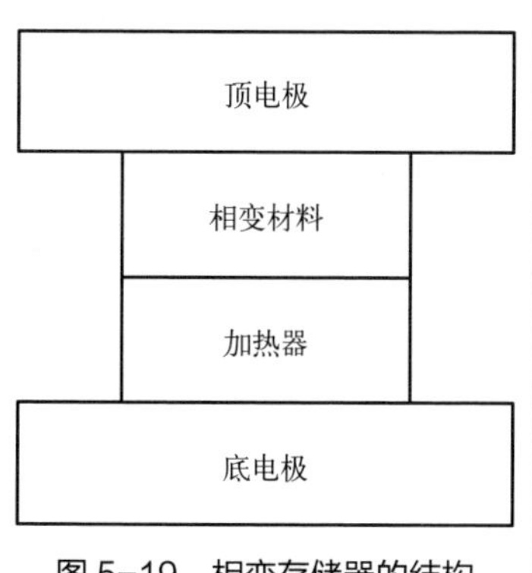

图 5-19　相变存储器的结构

柔性存储器一般使用高分子材料作为衬底，而高分子材料在高温下容易软化甚至分解，所以，传统观点认为，很难研制柔性的相变存储器。

2021 年，美国斯坦福大学的研究者独辟蹊径，研制了一种柔性的相变存储器。这种存储器的衬底是聚酰亚胺塑料，相变材料是由多层纳米 Sb_2Te_3 薄膜（厚度为 4nm）和 GeTe 薄膜（厚度为 1nm）交替堆叠形成的，层与层之间有一些很小的间隙。相变材料的周围有一层 35nm 厚的 Al_2O_3 薄膜，薄膜内有很多微孔。图 5-20 是这种存储器的结构示意图。

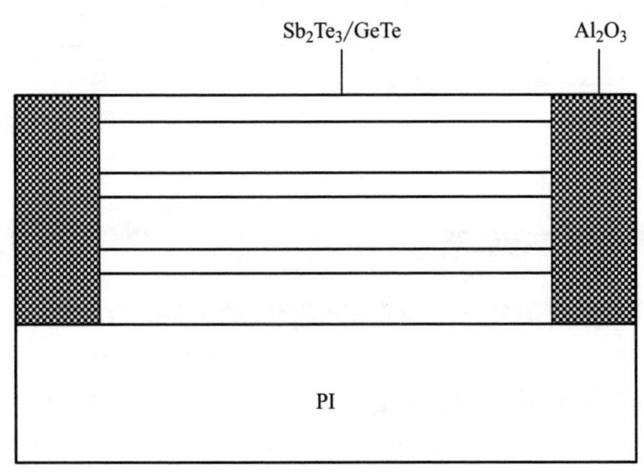

图 5-20　柔性相变存储器

在这种存储器中，多孔的 Al_2O_3 薄膜可以起到很好的隔热作用，这样，它一方面可以保证相变材料发生相变，另一方面，还能防止塑料衬底发生破坏。

四、液态金属柔性存储器

清华大学的研究者提出，用液态金属制备柔性存储器。它的原理是对液态金属液滴分别施加正、负偏置电压时，液滴会出现氧化和还原两种状态，在这两种状态下，液滴的电阻也有两个值，分别用这两个电阻值代表二进制数字 0 和 1，就可以实现信息存储。

研究者提出，液态金属可以用镓合金（如镓铟合金、镓铟锡合金）、铋合金（如铋铟锡合金）、汞合金等。这种柔性存储器的结构包括柔性导电基材、液态金属、导线、微电极等，如图 5-21 所示。

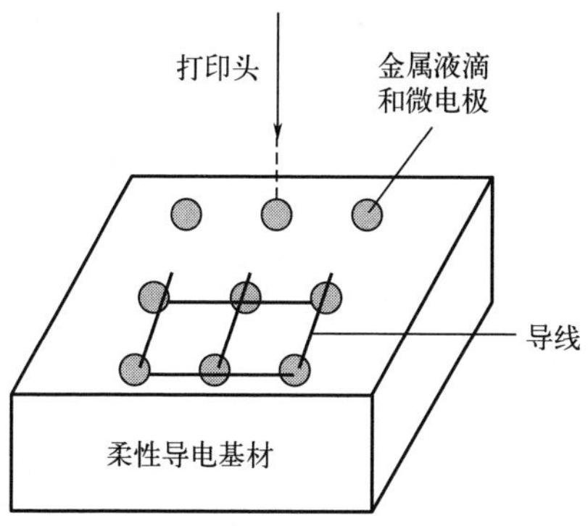

图 5-21　液态金属柔性存储器

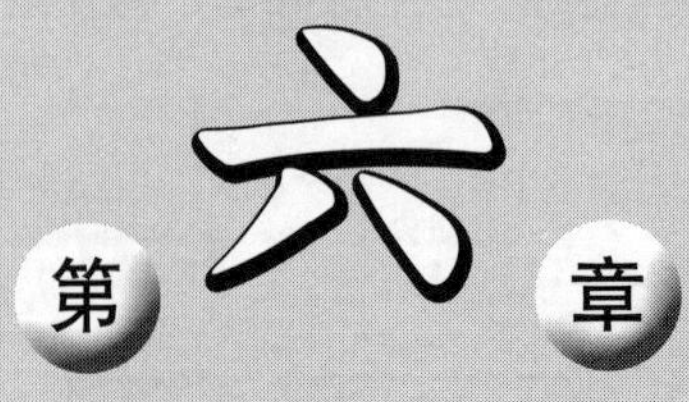

第六章 柔性显示器

2022 年 8 月 11 日，小米手机推出全新的折叠屏旗舰机型——MIX Fold 2，屏幕打开后的尺寸为 8.02 英寸。

除小米外，摩托罗拉、华为、三星等品牌也发布了折叠机型，从而使得这种机型成为市场上的一个亮点。无疑，这种机型可以让用户有全新的使用体验，网上有人说，这种机型实现了手机和平板电脑的二合一。据来自小米官方的消息，新机开售只 5 分钟就销售一空！

对折叠屏手机来说，最显眼的部分无疑是它的屏幕，这是一种柔性显示器，它的性能影响着整机的使用体验。在本章，我们就介绍柔性显示器的相关内容。

第一节　常见显示器类型

对手机、电脑、电视等电子产品来说，显示器是最重要的部件之一，相当于它们的“脸面”。经过多年的发展，显示器的性能不断提高，产生了多种类型，如 CRT 显示器、液晶显示器、等离子体显示器、LED 显示器等。

一、CRT 显示器

CRT 是阴极射线管（cathode ray tube）的英文名首字母缩写，所以，CRT 显示器原本叫阴极射线管显示器。这种显示器的核心部件是电子枪。另外，在屏幕的内表面涂覆了一层不同颜色的荧光粉。电子枪可以发射电子束，电子束照射到屏幕内表面上的荧光粉后，会激发它们，使它们发出各种颜色的光，从而形成图像，如图 6-1 所示。

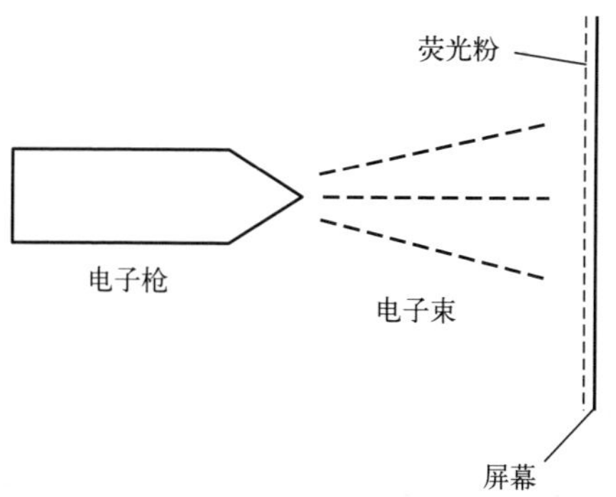

图 6-1　CRT 显示器的原理

这种显示器在以前应用很广泛，就是那种大脑袋的电视机和电脑显示器。由于它体积大、笨重，而且功耗大、成本高，所以近些年来，在很多场合已经被其它类型的显示器取代了。但是和其它类型的显示器相比，CRT 显示器有一些不能被取代的优点，比如色彩还原度高、视角大，所以在一些特殊的行业，比如医疗、冶金等，仍在使用这种显示器。

二、液晶显示器

液晶显示器利用液晶形成图像。什么是“液晶”呢？它是材料的一种特殊的状态，就是内部的分子排列情况同时具有晶体和液体的特征——总体上是规则排列的，就像晶体一样，但是同时具有一定的混乱性，就像液体一样，如图 6-2 所示。

图 6-2　晶体、液晶、液体内的分子排列情况

1964 年，美国 RCA 公司普林斯顿实验室的物理学家 George H. Heilmeier 发明了液晶显示器。液晶显示器也叫 LCD 显示器（liquid crystal display，LCD），这种显示器有两块透明电极，电极之间有很多液晶微粒，液晶微粒的每一面有红、绿、蓝三种颜色，它们的方向可以由电场控制，这样就可以在屏幕上形成各种颜色的图像，如图 6-3 所示。

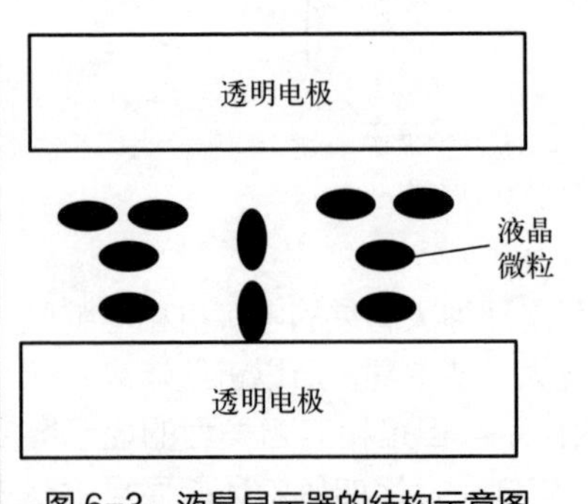

图 6-3　液晶显示器的结构示意图

1972 年，Gruen Teletime 手表上安装了液晶显示器。1973 年，日本夏普公司制造了世界上第

一台使用液晶显示器的计算器。1981 年，EPSON 公司制造了世界上第一台使用液晶显示器的便携式计算机。

和 CRT 显示器相比，液晶显示器具有轻薄、功耗低、成本低等优点，所以目前应用很广泛。

三、等离子体显示器

在介绍等离子体显示器之前，我们先介绍什么是“等离子体”。我们知道，当气体发生电离后，会产生离子、电子，如果气体没有完全电离，就会存在分子、原子。这些微粒组成的混合物就叫等离子体，如图 6-4 所示。

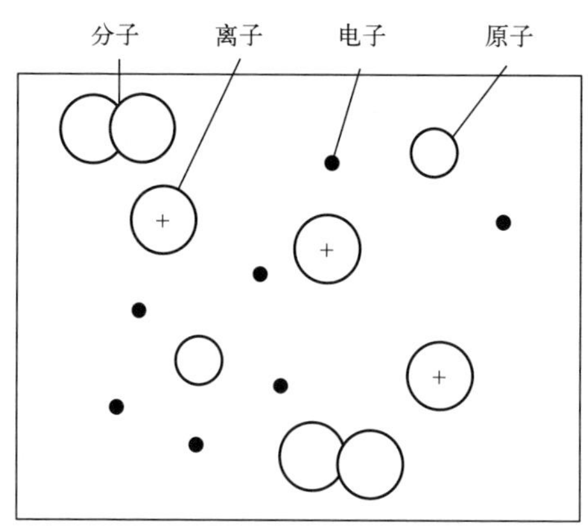

图 6-4 等离子体的组成

等离子体中有正电荷和负电荷，所以具有导电性，而且正电荷和负电荷的总数相等，整体上呈中性，所以叫作等离子体。由于具有多种独特的性质，等离子体被称为除了固体、液体、气体之外的物质的“第四态”。

现在我们来看等离子体显示器。等离子体显示器英文简称 PDP（plasma display panel），在这种显示器里有很多个特别小的等离子体管，管的内部充入了一些惰性气体，显示器的内部涂覆了荧光粉。给等离子体管施加电压后，管内部的惰性气体会发生电离，产生等离子体，等离子体会发出紫外线，紫外线照射到荧光粉后，荧光粉受到激发，会发出各种颜色的光，从而在屏幕上形成图像，如图 6-5 所示。

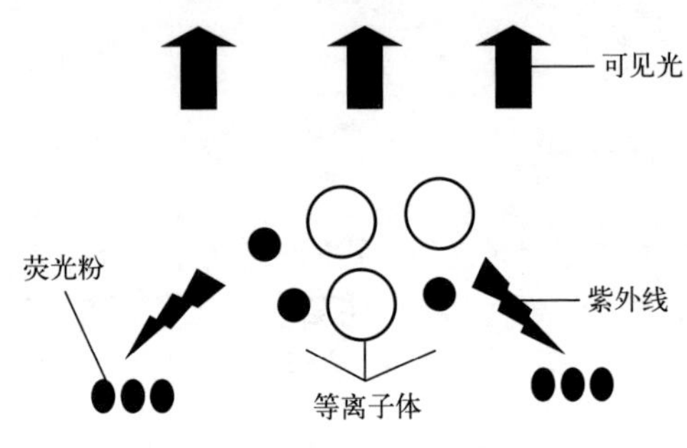

图 6-5　等离子体显示器的原理

等离子体显示器是液晶显示器之后的新一代显示器，它的分辨率很高，所以画面清晰、明亮，颜色鲜艳，而且机身也特别轻薄。

和液晶显示器相比，等离子体显示器的色彩还原性好、亮度高，而且响应速度快，会让人感觉画面变化很流畅。

四、LED 显示器

LED 是发光二极管（light emitting diode）的英文单词首字母缩写。LED 显示器由大量的发光二极管组成。发光二极管的核心部分由 N 型半导体和 P 型半导体组成，在发光二极管的两端施加电压时，N 型半导体和 P 型半导体内部的电子和空穴会发生复合，在复合的同时，会向外发出可见光，这种现象叫电致发光，如图 6-6 所示。

发光二极管的材料不一样，发出的光线的颜色也不一样，所以，LED 显示器通过控制各个发光二极管的颜色来形成图像。

大家知道，白色光线是由红色、绿色、蓝色三原色组成的，起初，人们很快就研制成功了红色和绿色的发光二极管，但在很长的时间里，一直找不到蓝色的发光二极管，所以无法制造发白光的 LED 显示器。

早在 1971 年，雅克 · 彭哥芬（Jacques Pankove）和艾德 · 米勒（Ed Miller）便开始研制蓝色发光二极管，他们在氮化镓（GaN）

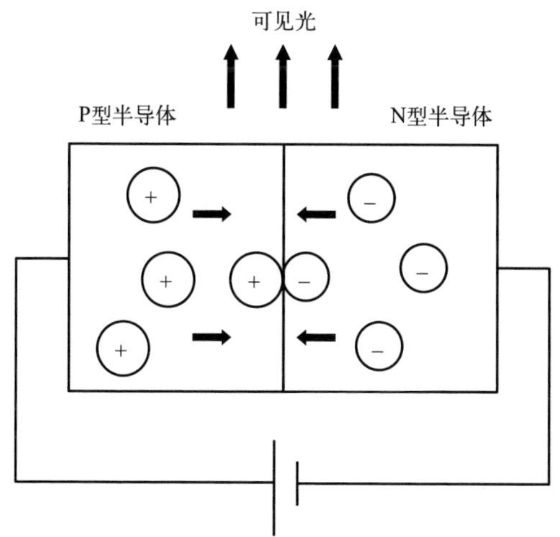

图 6-6 发光二极管的发光原理

里掺入了一些锌（Zn），用它制造了 LED，但发现它发出的光线是绿色的。1972 年，美国斯坦福大学的科学家在氮化镓（GaN）里掺入一些镁（Mg），用它制造了 LED，发现它可以发出蓝紫色的光线，但是亮度特别微弱，没法制造成实用的产品。1989 年，在照明行业中很有名的企业——美国的 Cree 公司用碳化硅（SiC）制造了一种 LED，也可以发出蓝光，但是发光效率很低，能耗很高。

由于很多人试图用氮化镓制备蓝色 LED 的努力最终都失败了，所以，在 20 世纪 70 年代末期，很多科学家都放弃了这个方向。但是，日本名古屋大学的教授赤崎勇却坚持不懈，仍和自己的学生天野浩一起，继续对氮化镓进行研究。经过长期努力，在 1986 年，他们成功地研制出了氮化镓晶体。1989 年，他们发现，给氮化镓晶体通入电流后，可以发出比较亮的光线。日本日亚化学工业公司的员工中村修二受到赤崎勇和天野浩的启发，在 1993 年成功研制出了能发出高亮度蓝光的 LED。

蓝光 LED 使人们能制造出发白光的 LED 光源和显示器，一方面促进了 LED 显示器的飞速发展和广泛应用，另一方面，由于发白光的 LED 灯的照明效率比白炽灯高得多，而且发热量很低，所以可以避免大量的能源浪费，因而在照明领域引起了一场革命——现在在家庭、办公室等很多场所，LED 灯都取代了白炽灯。所以，很多人把蓝光 LED 的发明称为“爱迪生之后的第二次照明革命”。

2014 年，赤崎勇、天野浩和已经担任美国加利福尼亚大学教授的中村修二共同获得了当年的诺贝尔物理学奖。评选委员会评价他们“发明了高亮度的蓝色发光二极管，带来了节能明亮的白色光源”。

LED 显示器的分辨率很高，所以画面清晰、明亮，色彩鲜艳，而且响应速度快、性能稳定、使用寿命长、功耗低（只有 LCD 的十分之一）、比 LCD 更轻薄，所以近年来发展迅速，在多个行业中获得了广泛应用。据报道，美国纽约时代广场上的纳斯达克 LED 全彩显示屏，尺寸达 36m × 27m，一共由 1900 万个 LED 组成。

第二节　柔性 OLED 显示器

柔性显示器在手机、电脑、电视等领域具有巨大的应用潜力，据美国著名的市场分析和咨询公司 IHS 报告，在全球市场上，2013 年柔性显示器的销售量只有 320 万台，2020 年快速增加到 7.92 亿台，销售收入从 10 亿美元剧增到 413 亿美元。

一、OLED 简介

OLED 指有机发光二极管（organic light emitting diode），它由基板、阴极、阳极、空穴传输层、电子传输层、发光层组成，如图 6-7 所示。

阴极
电子传输层
发光层
空穴传输层
阳极
基板

图 6-7　有机发光二极管的结构

其中，发光层的材料是有机物。OLED 的发光原理是：在电场的作用下，阳极中的空穴和阴极中的电子分别向空穴传输层和电子传输层移动，传输层分别把空穴和电子传输到发光层里；当发光层中的电子和空穴达到一定数量时，会发生复合，同时产生激子，激子会激发发光层里的有机分子，有机分子受到激发后，最外层的电子会发生跃迁，在跃迁的过程中会发出可见光。

二、柔性 OLED 显示器简介

OLED 显示器是由很多个很小的 OLED 组成的显示器，这种显示器有多方面的优点，比如分辨率高、图像清晰、颜色明亮、响应速度快（是液晶显示器的 1000 倍）、视角宽，而且柔性好，更轻薄，功耗低、容易加工等。

柔性 OLED 显示器最早是 1992 年由美国加利福尼亚大学的科学家研制的，由于它良好的应用前景，很多企业都投入这一领域。比如，2009 年，韩国三星公司研制了一种透明的柔性 OLED 显示器；日本先锋公司研制了一种柔性 OLED 显示器，尺寸为 15 英寸，而质量只有 3g，很令人吃惊。现在的很多手机，包括前文中提到的努比亚、小米折叠屏手机等，经常使用 OLED 显示屏。据报道，努比亚手机的柔性 OLED 显示屏，厚度只有 0.64mm，可以承受 10 万次以上的弯曲变形。

1. 柔性衬底

柔性 OLED 显示器的衬底材料有多种，包括超薄玻璃、金属箔、聚合物、纳米材料等。

韩国 LG 公司经常用金属箔作为衬底，生产柔性 OLED 显示器。

韩国高等科学技术研究院用聚合物作为衬底，制备了一种柔性 OLED，可以承受 1000 次弯曲半径为 5mm 的弯曲变形。

德国 Plastic Logic 公司是目前世界顶尖的柔性显示器制造公司之一，它最早是由英国剑桥大学卡文迪许实验室的 Henning Sirringhaus 教授建立的，早在 2005 年，公司就用美国杜邦公司生产的 PET 作为衬底，研制了一款柔性 OLED 触控屏，厚度只有 0.4mm。

2. 柔性发光材料

发光材料是受到外界的能量激发后可以发光的材料，我们熟悉的夜明珠、荧光粉都是发光材料。LED 和 OLED 中的发光材料叫电致发光材料，受到电能激发后可以发光。发光材料的种类很多，但是性能存在差别，包括发光的颜色、发光效率、发光寿命等。

在 OLED 中，使用的发光材料是有机物，常见的一种材料叫蒽，蒽的分子结构很有趣——由三个苯环并排在一起形成，如图 6-8 所示。

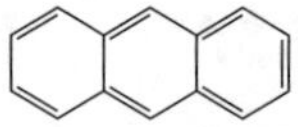

图 6-8　蒽的分子结构

1965 年，研究者发现蒽具有电致发光的性质。另外，蒽受到一些射线的辐照时也会发光，所以人们经常用它制造探测射线的仪器，这些仪器在地质勘探、天文学、核医学、放射性检测等行业中应用很广泛。

目前，研究者仍在研究蒽及其衍生物在 OLED 的发光材料中的应用。

此外，研究者还研制了其它的发光材料。比如，8- 羟基喹啉铝（Alq3）是一种性能优良的有机电致发光材料。1987 年，美国柯达公司的科学家第一次用它研制了一种 OLED 显示器，产品的发光效率很高，亮度也很高。图 6-9 是 8- 羟基喹啉铝（Alq3）的分子结构示意图。

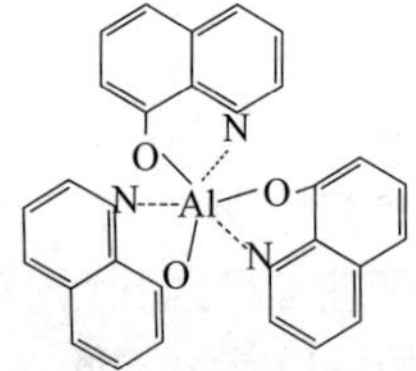

图 6-9　8- 羟基喹啉铝（Alq3）的分子结构

人们认为，这种材料在基础研究和实际应用方面都有很高的价值，所以现在仍有很多研究者在研究它。

1990 年，英国剑桥大学的科学家用聚对苯乙炔（PPV）作为发光材料，研制了一种 OLED 显示器，产品的发光效率很高，而且这种材料容易加工，性能也很稳定。图 6-10 是这种显示器的结构示意图。

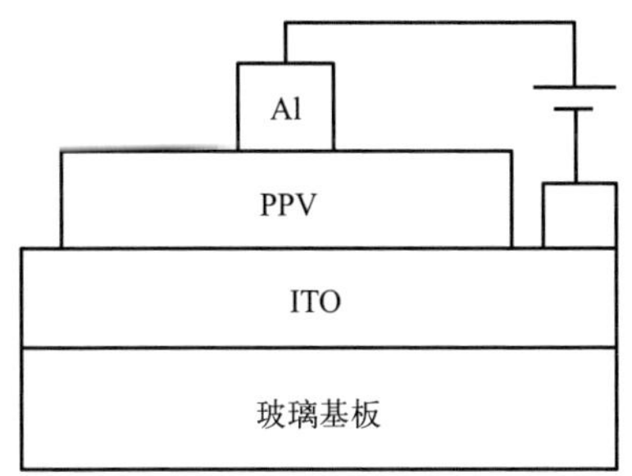

图 6-10　PPV 为发光材料的 OLED 显示器的结构示意图

目前，聚对苯乙炔仍然是最受关注的有机发光材料之一。因为它的发光性能优异，而且容易加工成薄膜，所以人们认为它很有希望实现商业化。人们开发出了多种 PPV 的衍生物，提高它的加工性和发光性。

目前，人们仍在探索性能更好的发光材料，比如，加拿大 Windsor 大学的研究者用一种叫 Ru（dtb-bpy）3 · 2（PF6）的有机物作为发光材料，用 PDMS 作为衬底，制备了一种 OLED 显示器。

目前人们使用的有机发光材料包括高分子材料和小分子材料两类，总的来说，小分子有机发光材料的发光性能更好，比如亮度高、寿命长，但缺点是加工性不好，性能不稳定；而高分子有机发光材料的加工性好，性能更稳定，但发光性能需要改善。

3. 柔性电极材料

柔性电极使用的材料包括 ITO、金属箔、导电聚合物、纳米材料等。

ITO 的导电性和透明度都比较好，但柔性比较差。金属箔的柔性和导电性都比较好，但透明度较低。

有的研究者用金属纳米线作为电极材料，比如银纳米线，它的导电性、透明性和柔性都很优异。

导电聚合物的柔性和透明性都很好，所以，有的研究者用导电聚合物作为电极，制备 OLED。1992 年，美国加州大学的研究者用聚苯胺（PANI）作为阳极，用聚对苯二甲酸乙二醇酯（PET）作为衬底，制备了 OLED。2011 年，瑞典的研究者用 PEDOT：PSS 作为电极，用 PET 作为衬底，制备了 OLED。

石墨烯、碳纳米管等纳米材料兼具优异的导电性、透明性和柔性，所以，很多研究者用它们制造电极。比如，韩国浦项科技大学的研究者用石墨烯作为阳极，制备了柔性的 OLED。

还有一些研究者用复合材料制备电极，比如，在聚合物里面加入碳纳米管、银纳米线和钛酸锶钡纳米颗粒，这种电极的柔性很好，可以承受弯曲半径为 3mm 的多次弯曲变形。

三、柔性 OLED 显示器的产业化

目前，在柔性 OLED 显示器领域，韩国的三星、LG 等企业是行业内的领跑者。

有市场分析人士指出，苹果公司试图在 2023 年推出一款可折叠 iPhone 手机，它使用 8 英寸的柔性 OLED 屏幕，预计销售量可达 1500 万至 2000 万部。

一些国内企业也投入到柔性 OLED 领域，发展势头很好。突出的有京东方等。在 2021 年，曾有媒体报道，三星公司计划在部分 Galaxy M 机型中使用京东方生产的柔性 OLED 显示屏。

2021 年，韩国媒体 The Korea Times 报道，苹果公司计划在部分 iPhone 和 iPad 机型中，使用柔性 OLED 显示屏，供应商包括三星、LG、京东方等企业，因此，京东方计划提高自己的生产能力，预计可以为苹果提供 6000 万块以上的柔性手机显示屏。

第三节　新型柔性显示器

除了柔性 OLED 显示器外，人们还在研制新型的柔性显示器。

一、柔性液晶显示器

液晶显示器由于具有多方面的优点，应用非常广泛，近年来，研究者研制了柔性的有机液晶显示器（OLCD），具有较好的柔性，而且重量轻。有人提出，OLCD 对很多行业都有重要的影响，比如航空工业——飞机的质量每减少 1kg，每年的燃料成本就可以节省 250 ~ 500 美元，

所以，OLCD 可以产生显著的经济效益。

常见的 OLCD 是用柔性较好的有机材料制造透明电极，把液晶分子封装在两块电极之间，另外，基板也使用有机材料制造。

英国的 FlexEnable 公司是一家专业生产柔性显示器的企业，近年来积极进行 OLCD 工艺的开发，目前正在和亚洲几个显示器生产企业进行合作，生产 OLCD 手机屏幕等产品。

二、液态 OLED 显示器

日本九州岛大学的研究者研制了一种液态 OLED 显示器，它使用液态物质作为有机发光层的传输层材料，所以，这种显示器的柔性比普通的 OLED 显示器还要好。研究者使用的液态半导体材料叫 9-（2-乙基己基）咔唑（简写为 EHCz），在 EHCz 中掺杂了固态的红荧烯，它具有优良的发光性能。图 6-11 是这种显示器的结构示意图。

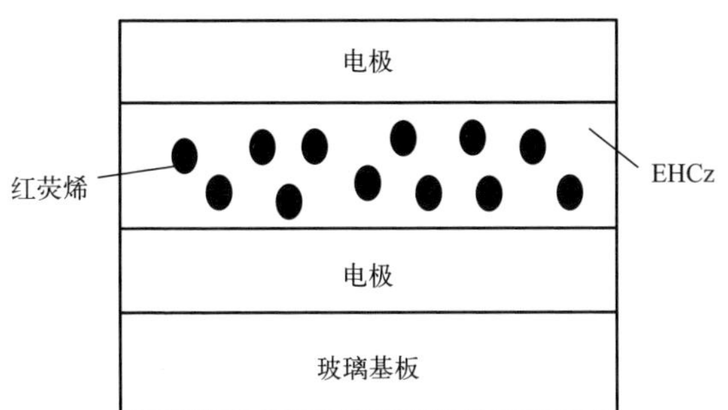

图 6-11 液态 OLED 显示器的结构示意图

三、纳米材料显示器

法国的萨克雷大学的研究者用 InGaN/GaN 纳米线制备了一种柔性发光器件。

新加坡南洋理工大学的研究者用 CdSe/ZnS、CdSe/CdS/ZnS 和 ZnO 等材料构成的量子点作为发光材料，研制了一种柔性发光器件。

清华大学的研究者用石墨烯作为发光材料，研制了一种柔性发光器件。

四、柔性可穿戴显示器

2021 年 3 月，复旦大学的研究者研制了一种柔性的可穿戴显示器，这种显示器是把微型发光器件集成在织物上形成的，在人机交互、智能通信、医疗等领域有良好的应用前景。

这种柔性可穿戴显示器也是一种智能电子织物。测试结果表明，这种产品有良好的柔性和耐用性——在 1000 次弯曲 – 拉伸 – 挤压循环测试，或 100 次清洗 – 干燥循环测试后，发光性能仍保持稳定。

五、智能 LCD 显示器

美国中佛罗里达大学（UCF）的研究者模仿自然界的变色龙，研制了一种柔性可穿戴液晶（LCD）显示器，它可以作为一种智能化的"变色龙"服装。

这种显示器由基板、电极、液晶分子层、金属纳米结构组成，见图 6-12。整个显示器的厚度只有几微米，基板可以使用塑料、布料等。在这种显示器中，金属纳米结构可以即时反射周围环境的光线，所以，用这种显示器做成的智能服装可以经常改变自己的颜色，就像变色龙一样。

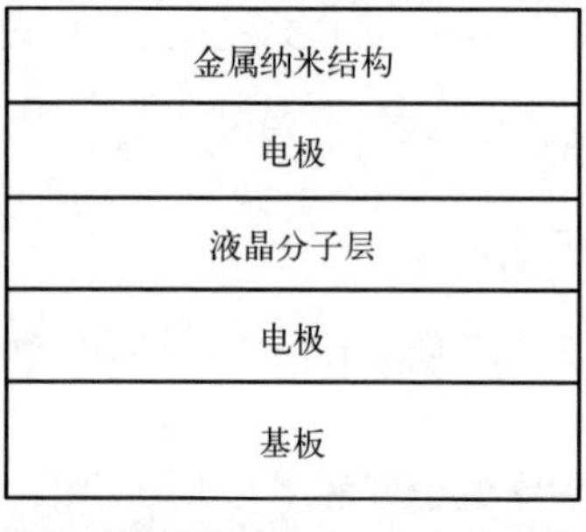

金属纳米结构
电极
液晶分子层
电极
基板

图 6-12　柔性可穿戴液晶（LCD）显示器的结构示意图

研究者说，由于这种服装的颜色和图案可以经常变化，所以买一件这样的服装可以顶替很多件普通服装。这种服装也可以作为隐身衣，用于军事领域，士兵穿着它，可以很好地隐蔽自己。还可以用这种显示器制造智能化的变色建筑，产生各种奇异的灯光效果。

六、遇水发光的柔性显示器

南京工业大学研制了一种新型的柔性显示器，它有一个特点：遇到水后可以发光。

这种显示器由一对并排分布的电极、电极桥、发光层、介电层、基板组成，如图 6-13 所示。当它遇到水后，发光层材料会发光。这种显示器可以用于远程探测器、触控显示设备等。

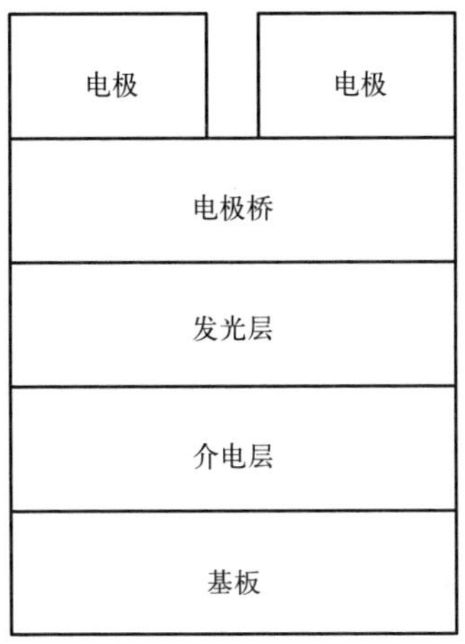

图 6-13　遇水发光的柔性显示器的结构

七、柔性自供能显示器

普通的显示器对电能的要求很高，从而限制了它们的便携性。清华大学的研究者研制了一种新型的自供能显示器，它由透明基板、透明电极、荧光粉层、绝缘层、金属电极组成，如图 6-14 所示。其中，透明基板的材料是 PVC 薄膜，透明电极的材料是 PETOT：PSS，荧光粉层的材料是 ZnS-Al 复合粉体，绝缘层材料是 $BaTiO_3$，金属电极的材料是纳米银粉。这种显示器配备了一种微型的摩擦纳米发电机，为显示器提供能量，不需要外界的电能，而且，这种显示器有很好的柔性，所以有很好的便携性。

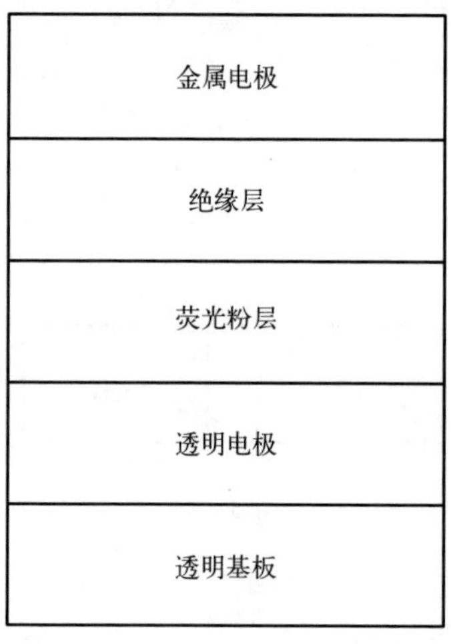

图 6-14　柔性自供能显示器的结构

第四节　相关前沿技术

一、超薄玻璃的黏结技术

柔性显示器经常使用超薄玻璃为基体，把电子元器件集成在上面。比如，现在的智能手机的液晶屏主要使用厚度为 200μm 左右的超薄玻璃。

目前的制造方法多是先在比较厚的玻璃上加工电子元器件，然后用氢氟酸进行腐蚀，把玻璃的厚度减薄。但是氢氟酸有毒，对操作者的身体健康有不良影响。

有人提出，可以先用其它比较环保的方法制造超薄玻璃，然后把它用黏结剂粘贴在较厚的玻璃板上，加工电子元器件，加工完后，再进行剥离。但是由于加工电子元器件时，需要进行高温加热，而黏结剂不能承受高温，因此有人提出，也可以不使用黏结剂，利用高温高压法，把超薄玻璃和厚玻璃板结合起来，但是这种方法会使得超薄玻璃和厚玻璃板之间的结合强度过大，加工完电子元器件后，难以剥离。

针对这些问题，日本东京大学的研究者开发了一项新技术，它是先在厚玻璃板的表面形成一层很薄的硅膜，然后把玻璃放在含有水分的氮气环境里，玻璃表面的硅膜会和水发生反应，产生羟基，具有黏合作用，可以黏合超薄玻璃。所以超薄玻璃就可以和厚玻璃板结合在一起了，如图 6-15 所示。

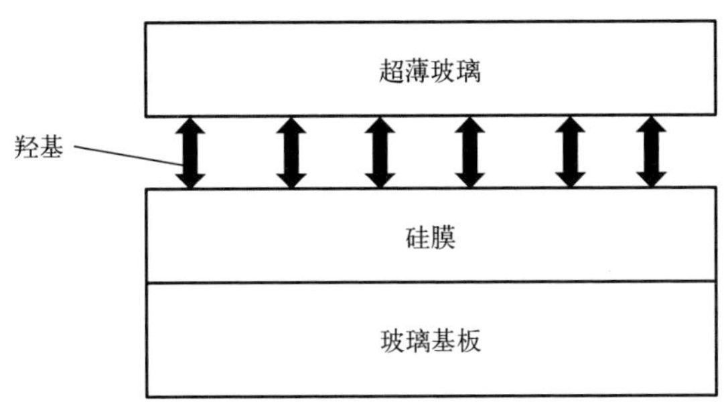

图 6-15　超薄玻璃的黏结

当在超薄玻璃上加工完电子元器件后，对它们进行加热，加热温度是 500℃，然后保持 90 分钟。在高温下，羟基会发生分解，产生氢气，氢气会在超薄玻璃与厚玻璃板之间的结合面上形成大量微小的气泡，产生膨胀作用，超薄玻璃与厚玻璃板之间的结合力会降低，便很容易把超薄玻璃剥离，如图 6-16 所示。

二、柔性 ITO 薄膜

ITO 导电玻璃是显示器中常用的材料，但传统的 ITO 导电玻璃的

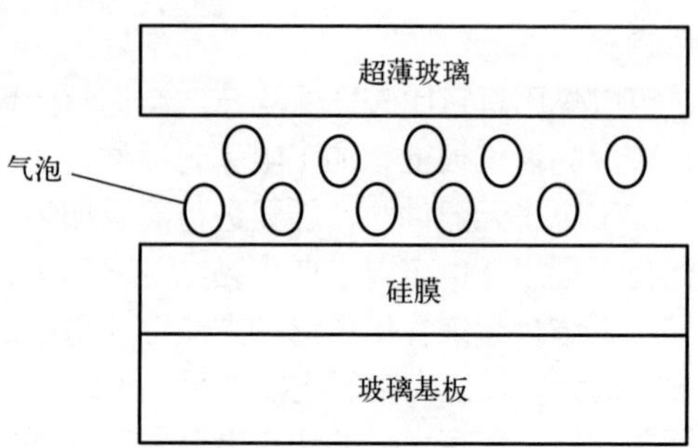

图 6-16 超薄玻璃的剥离

柔性较差，不能满足柔性显示器的需要。

2020 年，澳大利亚皇家墨尔本理工大学的科学家采用印刷技术，研制了一种柔性优异的 ITO 薄膜。这种方法是先把原料加热到 200℃，使它成为液态，然后使液体流动，形成很薄的纳米薄膜。它的柔性很优异，而且透明度很高。

研究者说，这种薄膜的制备工艺简单，可以用于显示器、太阳能电池和智能窗户等产品中。

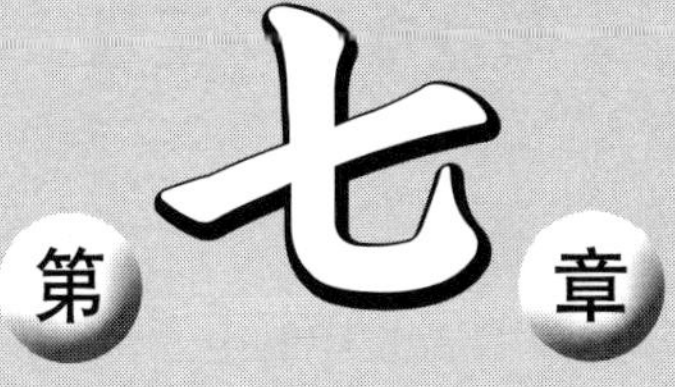

第七章 柔性电池

2022 年 7 月 24 日 14 时 22 分，我国空间站“天宫”的第一个实验舱——“问天”实验舱发射成功。据介绍，它的太阳能帆板和以前的航天器不同——是一对柔性帆板。在发射过程中，它们收缩、合拢起来，使体积比较小，比传统的帆板小 20%。实验舱到达太空后，帆板向两侧展开，每个帆板的长度超过 55m，面积达 110m^2，可以为空间站提供充足的能源。另外，由于这种柔性帆板使用了特殊的材料，所以它的重量大大减小了，单位面积的重量只有传统产品的 50%。

航天器使用的太阳能帆板实际上就是太阳能电池，手机、电脑等产品要使用锂离子电池，不同种类的电池是电子产品的能量之源之一，为它们提供源源不断的动力。对柔性电子产品来说，柔性电池是重要的组成部分，本章就介绍柔性电池的相关内容，主要包括柔性太阳能电池和柔性锂离子电池。

第一节　太阳能电池与柔性太阳能电池

一、太阳能电池

太阳能电池就是利用太阳光发电的电池，可以把光能转化为电能。

（一）发展历史

前面提到过：1839 年，只有 19 岁的法国年轻物理学家亚历山大 · 贝克勒尔就发现了光伏效应，即有的材料受到光线照射后，会产生电动势，如图 7–1 所示。

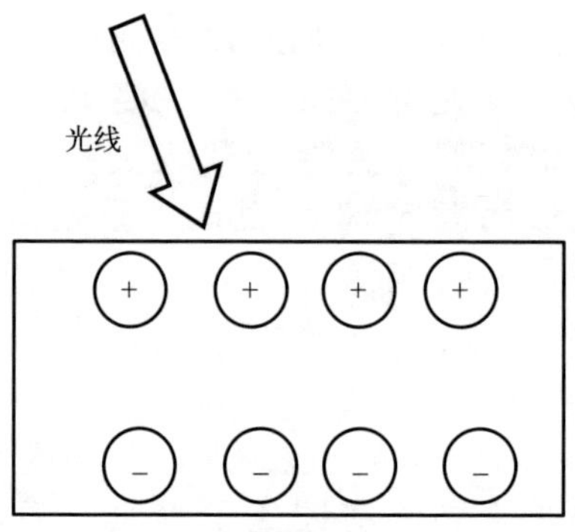

图 7–1　光伏效应

后来，人们也把光伏效应叫作贝克勒尔效应。

1873 年，英国工程师史密斯发现，硒具有光电导效应，就是在受到太阳光的照射时，硒的导电性会提高，如图 7–2 所示。

1877 年，W.G. 亚当斯和 R.E. 戴伊发现硒也具有光伏效应。

1882 年，爱迪生建成了世界上第一座发电厂，人类开始进入电力时代。

1883 年，美国发明家查尔斯 · 弗里兹（Charles Fritts）把硒镀在金箔表面，研制了人类历史上第一块太阳能电池，但是它的性能不太好——效率还不到 1%，所以实用价值不高。另外，有人在这一年制造了一种太阳能发动机，但是它的功率较低，而且成本很高，实用价值也不大。

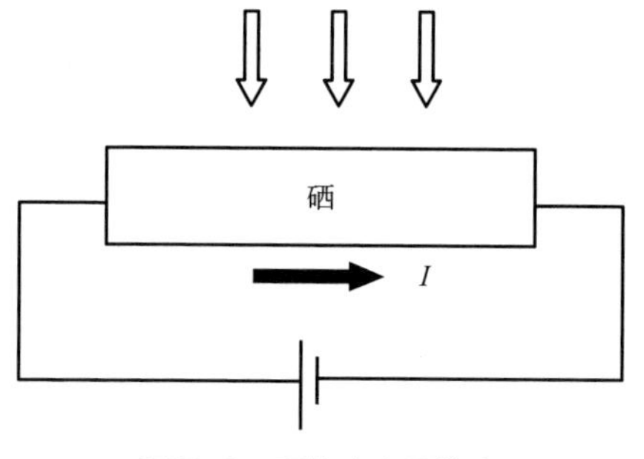

图 7-2　硒的光电导效应

1887 年，被称为“电磁波之父”的德国科学家赫兹发现了光电发射效应（也叫外光电效应），就是有的材料受到光线照射时，会向外发射电子，如图 7-3 所示。

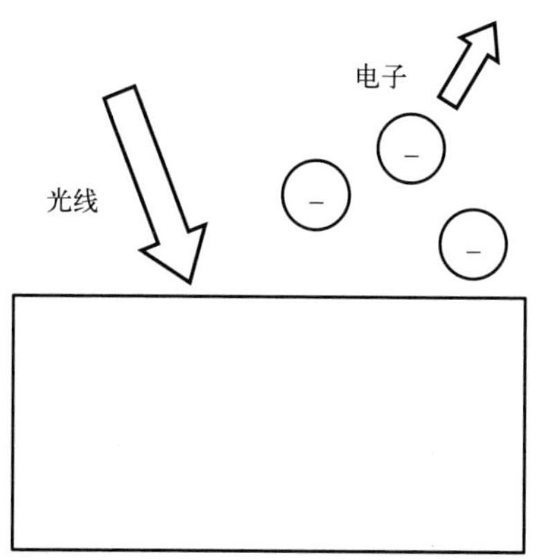

图 7-3　光电发射效应

1904 年，德国物理学家霍尔瓦克斯用铜和氧化亚铜制造了半导体太阳能电池，如图 7-4 所示。

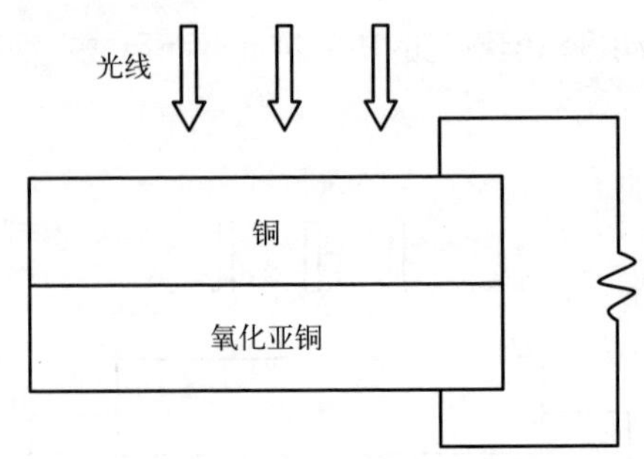

图 7-4　铜和氧化亚铜构成的半导体太阳能电池

1905 年，爱因斯坦成功地解释了外光电效应，并因为这个成果获得了 1921 年的诺贝尔物理学奖——这也是他唯一一次获得诺贝尔奖。

1932 年，奥德博尔特和斯托拉发现硒化镉具有光电效应。现在，硒化镉仍是一种重要的太阳能电池材料。

1954 年，美国贝尔实验室的科学家发明了有实用价值的太阳能电池。

1958 年，美国发射的“先锋一号”和“探索者六号”人造卫星都安装了太阳能电池。

从 20 世纪 70 年代开始，全球开始面临严重的能源危机，所以开始大规模应用太阳能电池。近几年来，我国对太阳能等绿色能源非常重视，很多地方包括山坡、沙漠等都建设了太阳能发电装置。比如，2014 年，河北省曲阳县投资 100 多亿元，建设了全国最大的山坡光伏发电站，把荒山变成了“太阳山”。

（二）类型

太阳能电池有多种类型，常见的有单晶硅太阳能电池、薄膜太阳能电池、染料敏化太阳能电池、有机薄膜太阳能电池等。

1. 单晶硅太阳能电池

单晶硅太阳能电池是传统的类型。它用单晶硅作为原材料，分别在里面加入不同的元素，制造成 N 型和 P 型半导体，这两种半导体结合在一起，形成 PN 结。太阳光照射到 PN 结后，PN 结吸收能量，产生电子 - 空穴对，电子和空穴在 PN 结内部电场的作用下，会分别向 N 区和 P 区移动，从而在 PN 结的两端产生电压，如果用导线把两端连接起来，导线内就会产生电流，这就是单晶硅太阳能电池，如图 7-5 所示。

目前，在各种太阳能电池中，单晶硅太阳能电池的光电转换效率最高，技术也最成熟，所以应用最广泛。位于青海省德令哈市戈壁滩上的太阳能光伏电站，占地面积 3.3 平方公里，相当于 460 多个标准足球场，发电量每年达 1.46 亿千瓦时。从不同的角度看，太阳能电池板的排列场面十分壮观。

单晶硅太阳能电池的缺点是成本比较高，因为单晶硅的价格较高。在单晶硅的内部，所有的原子都按相同的方向排列，这种材料叫单晶体，如图 7-6 所示。

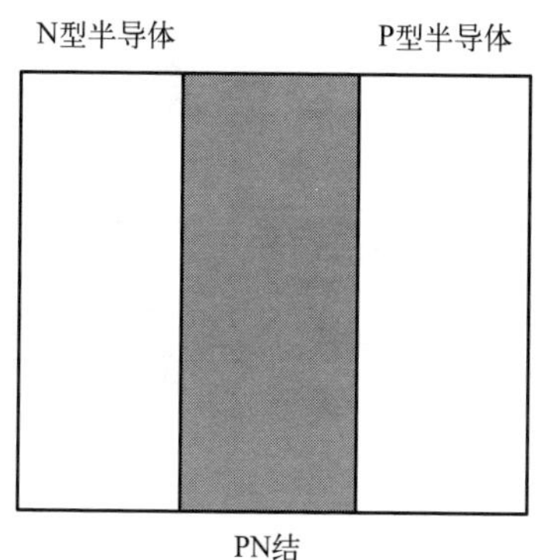

图 7-5 单晶硅太阳能电池的结构示意图

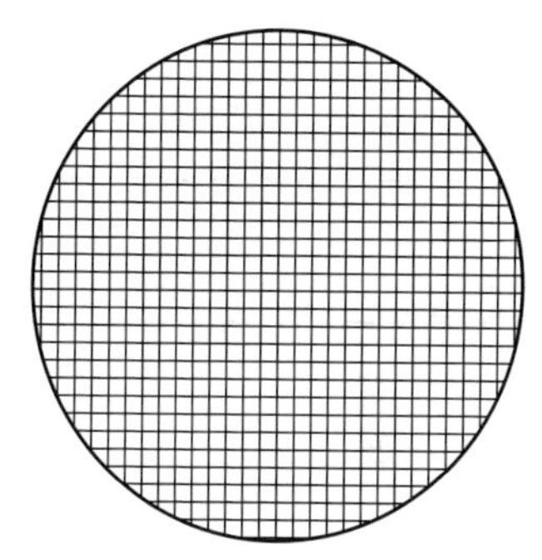

图 7-6 单晶体的结构

在生产过程中，制造单晶体特别困难，所以单晶硅的价格很高。另外，这种电池的体积大、重量大，单晶硅还很脆，容易发生破碎。

2. 薄膜太阳能电池

薄膜太阳能电池主要由透明电极、半导体薄膜、背电极、衬底等组成，如图 7-7 所示。

这种电池的发电原理和单晶硅电池类似：太阳光透过透明电极，照射到半导体薄膜上，半导体薄膜的 PN 结产生电荷。

在这种电池里，半导体薄膜的厚度只有几微米，所以整个电池可以特别轻薄，柔性比较好，可以安装在多种形状的物体表面，因此，薄膜太阳能电池的应用范围很大。

和单晶硅太阳能电池相比，薄膜太阳能电池有一个突出的优点，就是弱光性很好，也就是当太阳光较弱时，它也有较高的功率。

另外，由于不使用单晶硅或者单晶硅的用量很少，所以，薄膜太阳能电池的成本很低。

这种电池的缺点主要是光电转化效率较低、性能不稳定。

目前，薄膜太阳能电池主要有非晶硅薄膜电池、铜铟镓硒（CIGS）薄膜电池、碲化镉（CdTe）薄膜电池等。在非晶硅中，原子完全混乱排列，如图 7–8 所示。

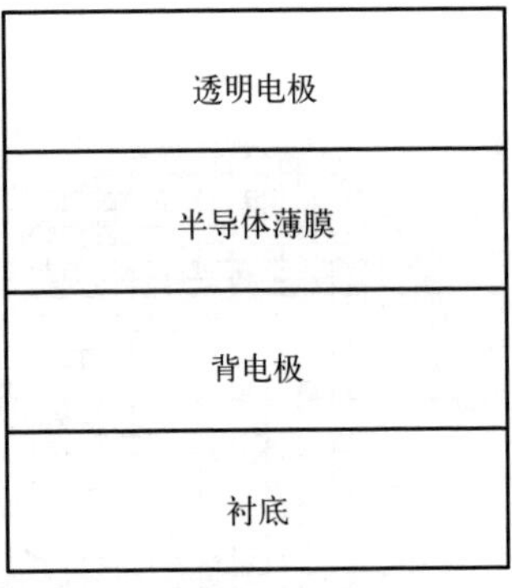

图 7–7　薄膜太阳能电池的结构

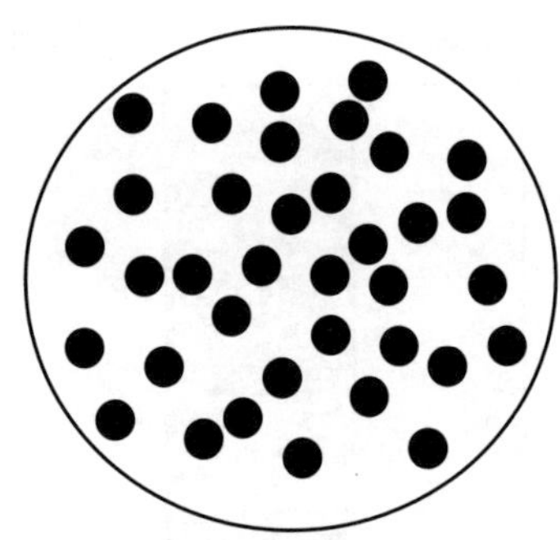

图 7–8　非晶硅中的原子排列情况

非晶硅的制造比较容易，所以价格比单晶硅低。

CIGS 薄膜电池的转换效率比较高，和晶体硅电池相当，但是由于使用了稀有金属铟，所以成本较高。CdTe 薄膜电池的成本比 CIGS 电池低，而且高温性较好。如果长时间被阳光照射，电池的温度会升高，很多电池在高温下性能会下降，但是 CdTe 薄膜电池仍能正常工作，输出功率保持稳定。

3. 染料敏化太阳能电池

染料敏化太阳能电池是模仿植物的光合作用进行发电的电池。它主要由光敏染料、纳米多孔二氧化钛（TiO_2）、电解液、金属阳极、TCO 阴极组成。光敏染料吸附在纳米多孔二氧化钛上，两个电极间填充了电解液，如图 7-9 所示。

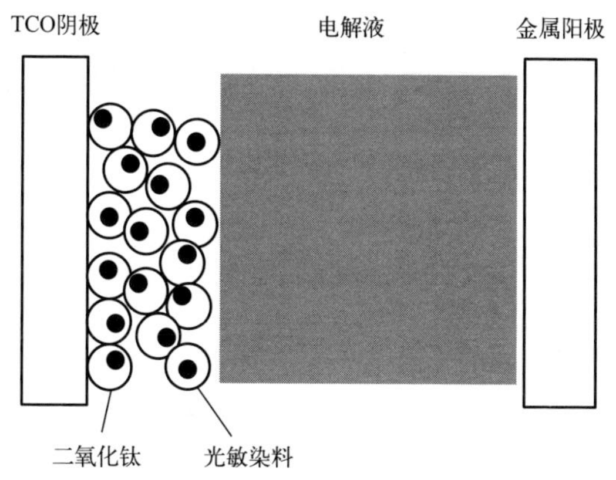

图 7-9　染料敏化太阳能电池的结构

纳米多孔二氧化钛的表面积很大，可以吸附很多光敏染料。光敏染料受到太阳光的照射后，电子会受到激发，进入纳米二氧化钛中，然后通过 TCO 阴极进入外电路，到达金属阳极；最后，电子从金属阳极进入电解液里，回到光敏染料中，这样就形成了一次电流循环。

4. 有机薄膜太阳能电池

这种电池利用有机薄膜吸收太阳光，产生电荷。它主要由有机薄膜、透明电极、金属电极、衬底等组成，如图 7-10 所示。

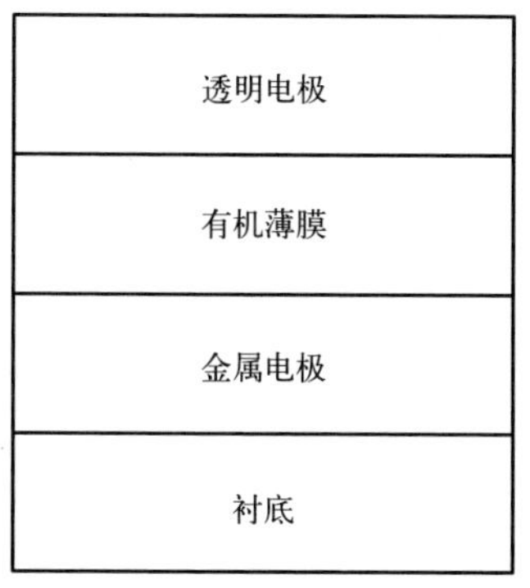

图 7-10　有机薄膜太阳能电池的结构

有机薄膜太阳能电池的薄膜比无机薄膜电池的薄膜薄很多，所以这种电池的质量轻，成本也比较低。目前最大的缺点是光电转换效率比较低，只有单晶硅电池的 20% 左右。

二、柔性太阳能电池

柔性太阳能电池可以用于手机、电脑等电子产品中，也可以用于建筑、汽车、船舶、服装、户外用品（如帐篷）等产品中，未来的应用潜力很大。

（一）柔性非晶硅薄膜太阳能电池

这种电池利用非晶硅薄膜吸收太阳光，产生电荷。它的厚度比单晶硅电池薄很多。

为了提高这种电池的光电转换效率，美国 United Solar Ovonic 公司生产了一种具有多层膜的柔性太阳能电池，薄膜包括三层：一层是非晶硅薄膜，一层是 Ge 含量为 10% ~ 15% 的 SiGe 合金薄膜，还有一层是 Ge 含量为 40% ~ 50% 的 SiGe 合金薄膜。每层薄膜适合吸收不同波长的太阳光，比如，非晶硅薄膜容易吸收蓝光，Ge 含量为 10% ~ 15% 的 SiGe 合金薄膜容易吸收绿光，Ge 含量为 40% ~ 50% 的 SiGe 合金薄膜容易吸收红光。所以，这种电池的效能比单一的非晶硅电池高，而且即使光线较弱，输出功率也比较高。图 7-11 是这种电池的结构示意图。

透明电极
非晶硅薄膜
SiGe合金 I
SiGe合金 II
金属电极
衬底

图 7-11　具有多层膜的柔性非晶硅薄膜太阳能电池的结构

柔性非晶硅薄膜太阳能电池的基底材料包括不锈钢箔、铝箔、聚合物等。

瑞士 Flexcell 公司用塑料作为衬底生产了一种柔性非晶硅薄膜电池，这种产品特别轻薄，密度只有 25 ~ 50g/m^2。

美国 Solar Integrated 公司用布料作为衬底，生产柔性非晶硅薄膜电池，这种电池最显著的特点是柔性好，而且面积可以很大。

（二）柔性 CIGS 薄膜太阳能电池

美国 Nanosolar 公司在 CIGS 薄膜太阳能电池领域享有盛名，谷歌公司认识到它的发展潜力，对它进行了投资。它生产的柔性 CIGS 薄膜太阳能电池，使用的衬底是铝箔，铝箔的优点是成本比不锈钢箔低。美国另一个公司（Global Solar Energy）生产的柔性CIGS 电池，已经被美国陆军采购。

我国国内也有企业生产柔性 CIGS 薄膜太阳能电池。

（三）柔性染料敏化太阳能电池

人们使用多种柔性材料作为衬底，制备柔性染料敏化太阳能电池。

2003 年，英国的研究者用塑料作为衬底，研制了世界第一块柔性染料敏化太阳能电池。

日本 Peccell Technologies 公司、以色列 3GSolar 公司等都用塑料作为衬底，生产了柔性染料敏化太阳能电池。英国 G24 Innovations 公司生产的柔性染料敏化太阳能电池已经应用于军事等领域。

韩国电子与通信研究所的科学家用不锈钢箔作为基底，研制了一种柔性染料敏化太阳能电池。

为了提高电池的性能，有的研究者提出，可以使用离子液体代替普通的电解液。离子液体是熔点在 100℃以下的盐，它完全由正离子和负离子构成。而普通的电解液里包含大量的水，所以在重量或体积相同的情况下，离子液体转移电荷的能力更强。英国 G24 Innovations 公司和德国 BASF 公司合作开发了离子液体。中国科学院长春应用化学研究所的研究者研制了一种新型的离子液体，用它制备了一种性能更优异的柔性染料敏化太阳能电池。

（四）柔性有机薄膜太阳能电池

柔性有机薄膜太阳能电池的光伏材料是有机薄膜，它的厚度很薄，有的只有200nm。目前，人们已经研制了多种材料，如P3HT：PCBM（聚3－己基噻吩掺杂富勒烯衍生物）等。P3HT：PCBM 是聚 3－己基噻吩（P3HT）和一种富勒烯衍生物（PCBM）形成的新材料，图 7－12（a）、（b）分别是它们的分子结构示意图。

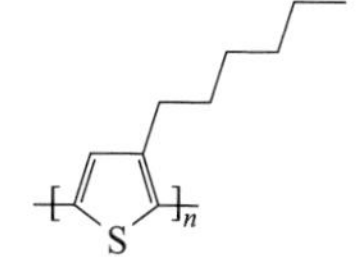

(a) 聚3-己基噻吩（P3HT）

图 7－12

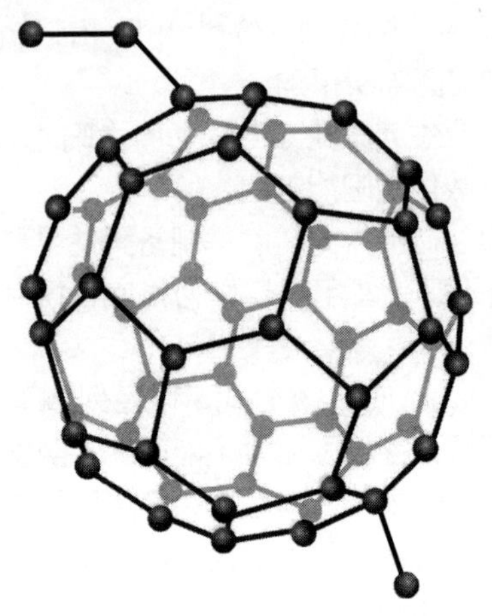

(b) 富勒烯衍生物（PCBM）

图 7-12　聚 3-己基噻吩（P3HT）和富勒烯衍生物（PCBM）的分子结构

图 7-13 是用 P3HT：PCBM 制备的有机薄膜太阳能电池的结构示意图。

铝
LiF
P3HT：PCBM
PEDOT：PSS
ITO
玻璃基底

图 7-13　用 P3HT：PCBM 制备的有机薄膜太阳能电池的结构示意图

硅藻是一种常见的水生植物。耶鲁大学的科学家发现，它对太阳光的吸收能力很强，所以用它作为太阳能电池的光伏材料，研制了一种有机薄膜太阳能电池，这种电池的光电转换效率很高。

有机薄膜太阳能电池的阳极一般由透明材料制造，如 ITO 导电玻璃、导电聚合物等。有的研究者用 PEDOT：PSS 制造的阳极厚度只有 150nm。

有机薄膜太阳能电池的阴极一般是由金属制造的，如银，厚度只有 100nm 左右。我国南开大学的研究者研制了一种柔性有机薄膜太阳能电池，这种电池的电极是用银纳米线制造的，导电性、柔性都很好，而且透明度很高。

有机薄膜太阳能电池的衬底一般由聚合物或金属箔制造，如PET、PDMS等。

有的研究者制备了一种厚度不到2μm的柔性有机薄膜太阳能电池。日本三菱化学公司研制了一种柔性有机薄膜太阳能电池，用于建筑外墙。

前面提到：日本科学家白川英树和美国科学家艾伦·黑格、艾伦·马克迪尔米德由于发现了导电聚合物，因而共同获得了2000年诺贝尔化学奖。其中，艾伦·黑格教授不仅在学术研究方面造诣很深，而且有很强的学以致用的意识：他创立了一家高技术企业——Konarka Technologies公司。目前，这家公司在有机太阳能电池领域处于世界领先地位，它用塑料作为衬底，生产了一种柔性有机薄膜太阳能电池，商品名叫“能量塑料”（Power Plastic），它的重量很轻，密度只有$50g/m^2$，美国陆军和空军都采购了这种电池。

第二节　柔性锂离子电池

目前，很多产品如手机、笔记本电脑、电动车等都使用锂离子电池。锂离子电池的发明者——美国科学家约翰·古迪纳夫、英国科学家斯坦利·惠廷厄姆和日本科学家吉野彰获得了2019年的诺贝尔化学奖。柔性锂离子电池具有更好的适应性、便携性、安全性等优点，具有广阔的应用前景，受到学术界和产业界的广泛关注。

一、锂离子电池的原理

锂离子电池主要由正极、负极、隔膜、电解液组成，正极和负极浸在电解液里，如图7-14所示。

其中，正极包括活性材料和集流体，活性材料是含锂的化合物（如钴酸锂Li_xCoO_2），集流体一般是铝箔，活性材料聚集在集流体上面。负极也包括活性材料和集流体，活性材料一般是焦炭或石墨，集流体一般是铜箔。

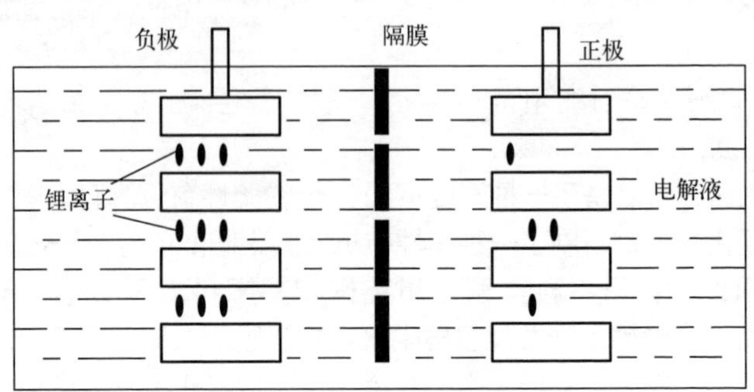

图 7-14　锂离子电池的结构

锂离子电池在充电时，正极的含锂的化合物会发生分解，产生锂离子和电子，锂离子进入电解液里，通过隔膜到达负极；电子从外电路（充电器）到达负极，和锂离子结合，形成锂和碳的化合物 Li_xC_6，镶嵌在负极里。

锂离子电池在使用时，是一个放电过程：负极里的 Li_xC_6 发生分解，产生锂离子和电子，锂离子进入电解液里，通过隔膜向正极移动，电子经过外电路向正极移动，形成电流。最后，锂离子和电子在正极上结合，重新生成 Li_xCoO_2。

二、柔性电极集流体

柔性电极集流体是用柔性材料，如聚合物、纳米材料等制造的。

有的研究者用聚酰亚胺（PI）和 $Li_4Ti_5O_{12}$ 纳米微粒为原料，制备了一种柔性电极集流体（如图 7-15 所示），柔性很好，用这种集流体制备了一种柔性薄膜锂离子电池。

有的研究者用氧化石墨烯薄膜制备了一种柔性集流体，它的柔性很好，而且氧化石墨烯薄膜的内部有很多微孔，可以有效提高产品的电性能。

有的研究者用聚合物和碳纳米管制备了一种复合材料，用它制备了一种柔性电极集流体，柔性也很好。

2020 年 8 月，我国的华为公司公布了一项柔性锂离子电池集流体

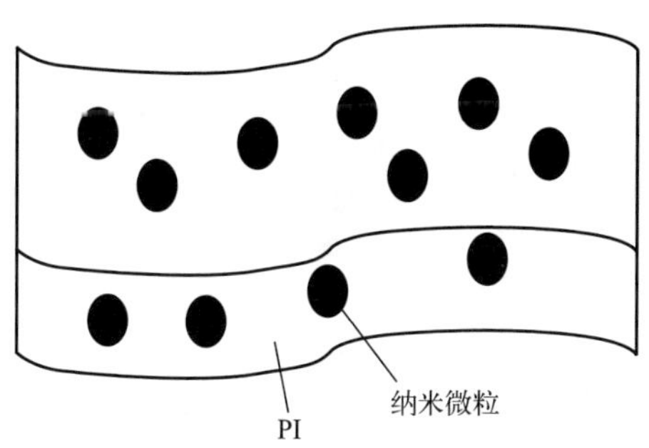

图 7-15　柔性电极集流体

的专利。它用聚合物作为衬底，在上面加工了一层导电层，导电层是用金属或碳材料制造的，整个结构设计为褶皱形，所以，这种集流体有很好的弹性。

韩国科学技术研究院（KIST）研制了一种柔性锂离子电池，这种电池的集流体是用一种有机凝胶材料制造的，具有很好的柔性，测试表明，它可以承受 1000 次以上 50% 的拉伸变形。另外，这种凝胶材料有很好的密封性，当电池发生变形时，可以防止电解质发生泄漏。

三、柔性电解质

普通的锂离子电池的电解质是液态的，电池发生变形时，电解质容易发生泄漏。为了解决这个问题，需要研制新型的柔性电解质。

研究者发现，$Li_7La_3Zr_2O_{12}$ 是一种固态电解质，不容易发生流动和泄漏，但是它的柔性比较差。所以，研究者把它加入到一种叫聚环氧乙烷的聚合物中，研制了一种柔性很好的固态电解质。这种电解质容易变形，而且聚环氧乙烷还可以起到密封作用，防止电解质发生泄漏，如图 7-16 所示。

美国约翰 · 霍普金斯大学的研究者用水凝胶聚合物作为基体，把电解质混合在里面，研制了一种柔性电解质。在变形时，水凝胶聚合物可以阻止电解质的运动，防止发生泄漏。这种产品既有很好的柔性，还具有很高的强度，而且耐高温，可以承受高压、碰撞，甚至刀具的切割、火烧等恶劣的条件。

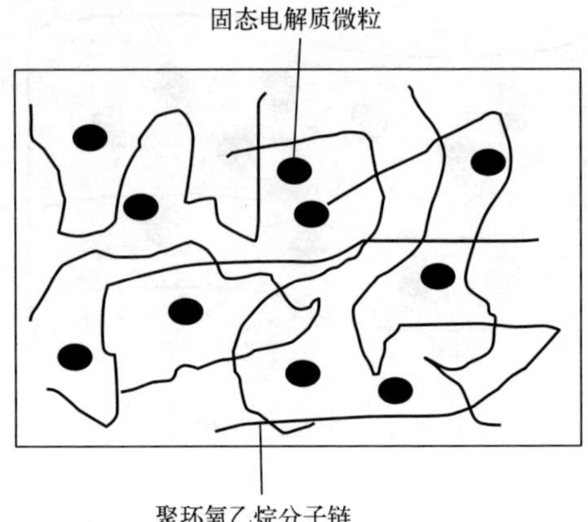

图 7-16　用 $Li_7La_3Zr_2O_{12}$ 和聚环氧乙烷制备的柔性固态电解质

四、柔性结构设计

除了让电池的构件具有较好的柔性外，研究者还通过结构设计，研制柔性锂离子电池。

比如，有的研究者把电池设计为波纹形结构，类似于以前提到的褶皱结构，如图 7-17 所示。

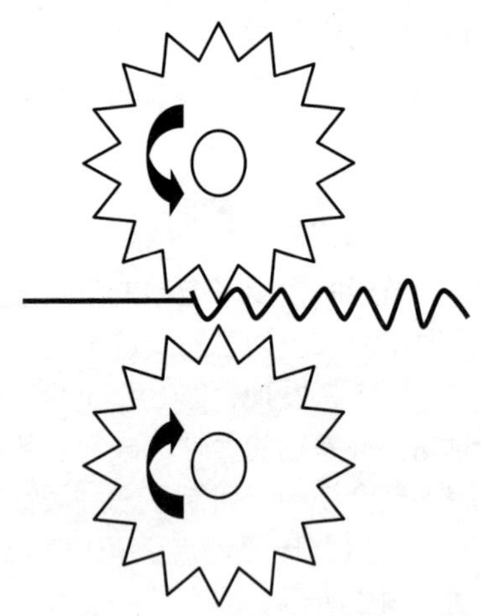

图 7-17　波纹形电池的制造方法

有的研究者利用日本的 Origami 折纸艺术，设计可以拉伸的结构，研制柔性锂离子电池，如图 7-18 所示。

后来，研究者又利用日本的 Kirigami 剪纸艺术，研制了一种柔性锂离子电池，它可以承受 3000 次的变形。

有的研究者设计了螺旋形的电池结构。其中，电极的形状是螺旋纤维状，电解质是用凝胶制造的，涂覆在电极表面，所以，这种电池可以编织成纺织物，如图 7-19 所示。

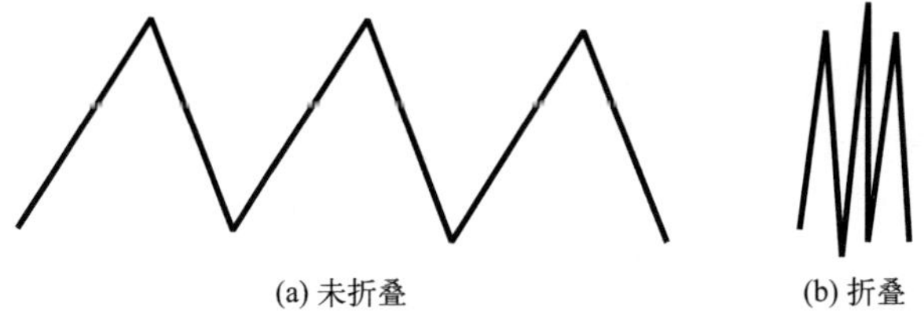

图 7-18　利用日本的 Origami 折纸艺术设计的柔性锂离子电池的结构

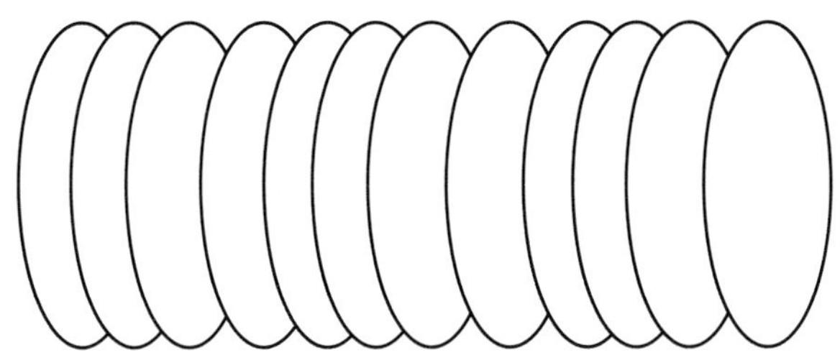

图 7-19　螺旋形的柔性锂离子电池

有的研究者把电池的阴极和阳极都设计成波浪形状，电解质用凝胶制造，位于两个电极之间，如图 7-20 所示。这种结构的优点是，阴极和阳极可以发生比较大的拉伸变形，在变形过程中，电解质的变形比较少。测试表明，这种电池的拉伸变形性能很好，可以达到 300%。

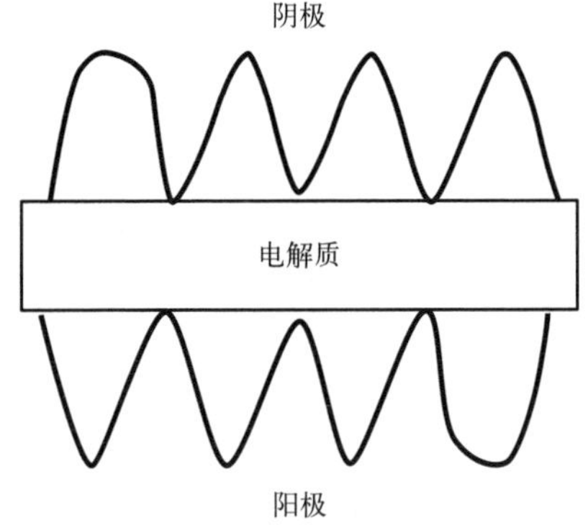

图 7-20　具有波浪形电极的柔性锂离子电池

为了提高集流体的柔性，研究者对集流体的形状和结构进行了巧妙设计。比如，有的研究者用还原氧化石墨烯（rGO）和钴酸锂（$LiCoO_2$）制造正极集流体，并且把集流体的形状设计为螺旋形，好像弹簧一样，电解质用凝胶制造。所以这种电池的柔性很好。

有的研究者设计了一种多层的倒锥形的电极集流体，像牵牛花的形状，如图 7-21 所示。

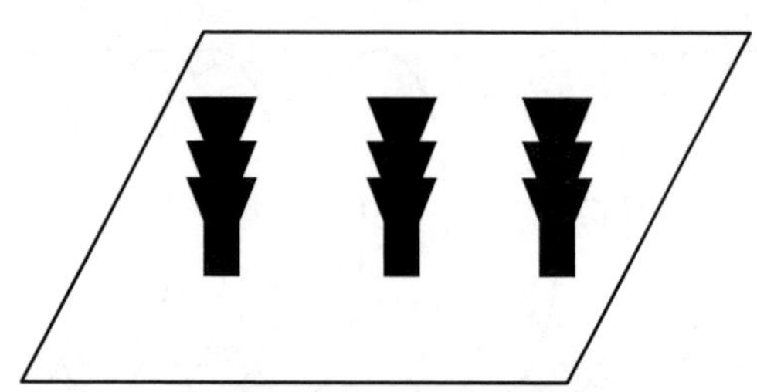

图 7-21　多层的倒锥形的电极集流体的结构

这种电极集流体的材料是碳纳米管（CNT），集流体的平台部分负载电极的活性材料颗粒，下面的颈部固定在基体上。当整个集流体发生变形时，基体会承担大部分的应力，而倒锥部分受到的影响很小。基体用柔性较好的材料制造，所以，整个集流体具有很好的柔性。

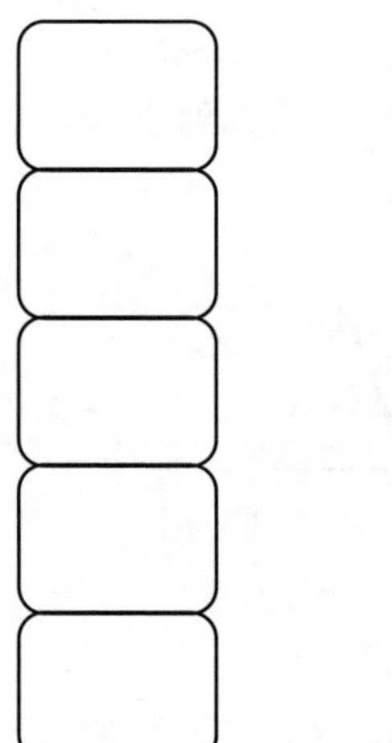

图 7-22　脊柱形柔性锂离子电池的结构

美国哥伦比亚大学的科学家仿照动物的脊柱结构，研制了一种柔性锂离子电池。这种电池的结构包括主干和分支，主干部分和外电路连接，电池的各个组成部分卷绕在主干周围，每节“脊椎”就是一块电池，整个脊柱是由多个电池串联在一起形成的，如图 7-22 所示。当整个“脊柱”受到外力时，只是电池中间的连接部分发生变形，而电池本身基本不发生变形，所以，这种结构具有很好的柔性，可以承受 10000 次以上的弯曲变形。

五、产业化

国外有的企业正在实现柔性锂离子电池的产业化。比如，2012 年，日本电气公司（NEC）研制了一种柔性有机锂离子电池，它的厚度只有 0.3mm，可以用于 IC 卡。

2015 年，韩国三星公司研制了一种柔性锂离子电池，可以承受 5 万次的弯曲变形，可以用在可穿戴设备上。

2017 年，日本松下（Panasonic）电器公司研制了一种超轻薄的柔性锂离子电池，在 2017 年国际消费电子产品展览会（CES2017）上展出。这种电池的厚度只有 0.45mm，质量最小的只有 0.7g，最大的是 2g（和尺寸有关）。电池的柔性很优异：可以承受 1000 次弯曲半径为 25mm 的弯曲变形或 ±25°/100mm 的扭曲变形。商家介绍，这种电池可以用于可穿戴产品和日用品，比如发热羽绒服和电动牙刷等。

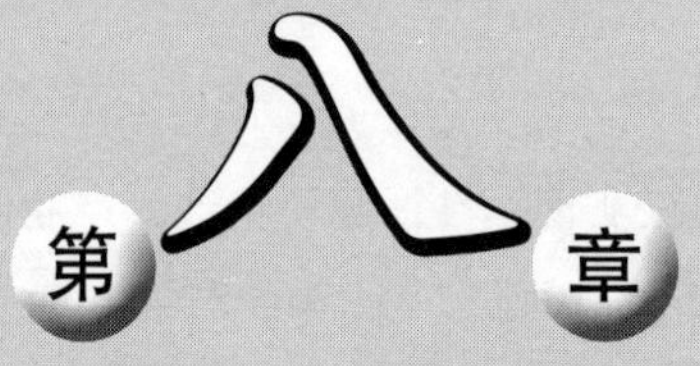

第八章 柔性电子制造工艺

2012年12月，世界500强企业——美国的康宁（Corning）公司和中国的台湾工业技术研究院合作开发了最先进的柔性触控屏生产技术——卷对卷（roll to roll，R2R）技术。和传统技术相比，这项技术的最大优势是可以进行连续生产，生产效率高，生产成本低。产品可以广泛用于手机、电脑、触控屏设备、太阳能电池等领域。

由于柔性电子产品具有一些独特的性能，所以人们开发了一些特殊的制造工艺进行生产。这些工艺主要包括薄膜沉积技术、光刻技术、印刷技术、卷对卷技术等。本章对这些技术进行介绍。

第一节　薄膜沉积技术

薄膜沉积技术是把电子元器件的组成部分如导电材料、绝缘材料、半导体材料等以薄膜的形式加工到基底上。目前，这种技术在电子行业应用十分广泛，是最重要的电子制造技术之一。

前面几章已经介绍，很多柔性电子产品都是薄膜形式的，所以，薄膜沉积技术也是柔性电子领域里最重要的技术之一。

按照沉积的原理，薄膜沉积技术分为物理气相沉积和化学气相沉积两大类。

一、物理气相沉积（physical vapor deposition，PVD）

物理气相沉积是用物理方法产生原子、分子等微粒，这些微粒沉积到基板的表面，最终形成薄膜，如图 8-1 所示。

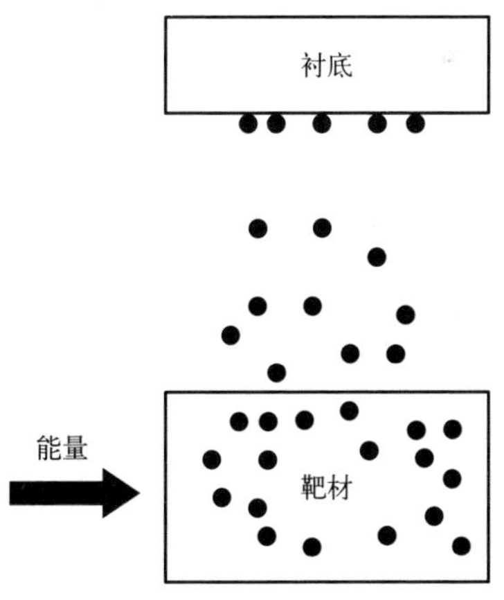

图 8-1　物理气相沉积

物理气相沉积包括多种类型，常见的有真空蒸镀、真空溅射、离子镀、分子束外延等。

1．真空蒸镀

真空蒸镀是在真空条件下，对原材料靶材进行加热，使靶材表面的原子或分子发生蒸发、气化，离开靶材表面，最后沉积到基底表面，形成薄膜。

2．真空溅射

真空溅射是在真空条件下，用高能粒子轰击原材料靶材，使靶材表面的原子或分子离开靶材，然后沉积到基底表面，形成薄膜。

3．离子镀

离子镀是在真空条件下，使原材料靶材发生部分电离，产生离子，离子对原材料靶材进行轰击，产生原子等微粒，微粒沉积到基体表面，形成薄膜。

4．分子束外延

分子束外延（MBE）是在真空条件下，通过加热等方法，使原材料发生蒸发、气化，产生气态分子或原子，气态分子或原子经过处理后，形成分子束或原子束，然后喷射到基体表面，并逐渐生长，最后形成薄膜。

MBE 是一种新型的薄膜沉积技术，可以制备出高质量的单晶薄膜。

目前，电子元器件中的金属互联导体经常用物理气相沉积的方法制造。

二、化学气相沉积（chemical vapor deposition，CVD）

化学气相沉积是通过化学方法沉积薄膜：它使用的原材料是气体，这些气体原材料在反应室里发生化学反应，反应产物沉积到基体表面，形成薄膜，如图 8-2 所示。

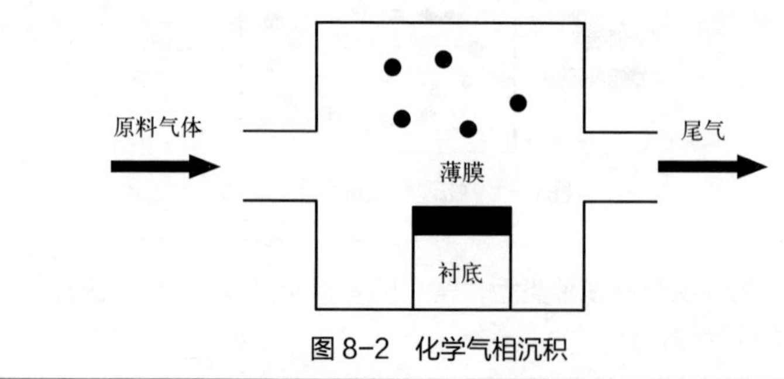

图 8-2　化学气相沉积

化学气相沉积也包括多种方法，如热化学气相沉积、等离子体增强化学气相沉积、金属有机物化学气相沉积、光辅助化学气相沉积、原子层沉积等。

1. 热化学气相沉积

热化学气相沉积指通过加热的方法，使原材料发生化学反应，反应物沉积到基体表面，形成薄膜。

人们经常用这种方法制备多晶硅薄膜、非晶硅薄膜等。

2. 等离子体增强化学气相沉积

这种方法是对气体原材料施加一个电场，在电场的作用下，气体发生电离，产生由离子、未电离的原子或分子等微粒构成的混合物，这就是等离子体。等离子体具有较高的能量，可以促进化学反应的进行，从而最终在基体的表面形成薄膜。

3. 金属有机物化学气相沉积

这种方法使用的原料中包括金属有机物，对原料进行加热，使它们发生化学反应，反应产物沉积到基体的表面上，形成薄膜。

4. 光辅助化学气相沉积

这种方法也叫光化学气相沉积，它是利用光能，使原料发生光化学反应，反应产物沉积到基体表面，形成薄膜。很典型的一种光辅助化学气相沉积是激光化学气相沉积技术。

5. 原子层沉积

这种方法是把气体原料以脉冲方式分步通入反应室里，每次通入的气体量都进行严格控制，使它们发生化学反应后，只形成由一层原子构成的薄膜。这样，随着反应的进行，薄膜逐渐变厚，最终形成具有一定厚度的薄膜。

这种技术是一种先进的薄膜沉积技术，可以精确控制薄膜的化学成分、厚度、质量，适合生产对质量要求高的薄膜产品，比如一些光学器件等。

三、薄膜沉积设备

薄膜沉积技术需要使用专用的设备，比如，物理气相沉积使用的设备包括真空蒸发镀膜机、真空溅射镀膜机和真空离子镀膜机等。

随着电子产品的功能越来越多、集成度越来越高、尺寸越来越小，电子元器件的制造工艺越来越复杂，工序越来越多，薄膜的厚度越来越薄，而层数越来越多。比如，据资料介绍，在 90nm 的 CMOS 器件的生产过程中，包括 40 步薄膜沉积工序，而在 3nm 的 FinFET 器件的生产过程中，包括 100 步薄膜沉积工序。以台积电（台湾积体电路制造股份有限公司）的金属薄膜沉积工序为例：在 90nm 器件的生产过程中，需要沉积 7 层金属薄膜；在 28nm 器件的生产过程中，需要沉积 10 层金属薄膜；在 5nm 器件的生产过程中，需要沉积 14 层金属薄膜。

从上述的数据可以看出，市场对薄膜沉积设备的需求越来越大。图 8-3 所示是 2017—2025 年全球半导体薄膜沉积设备的市场规模的发展趋势。

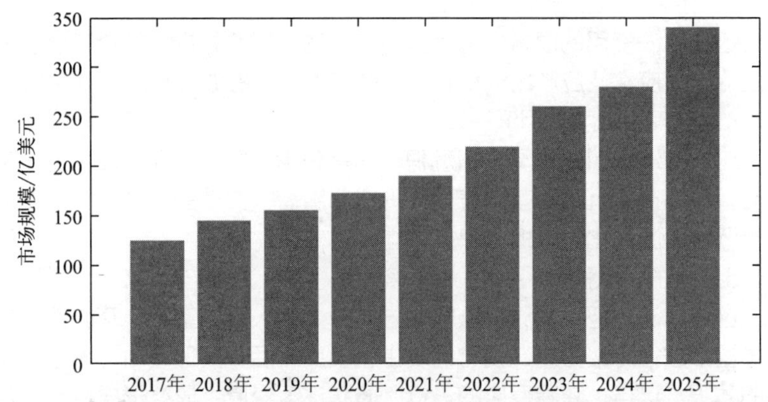

图 8-3　2017—2025 年全球半导体薄膜沉积设备的市场规模发展趋势

国际半导体产业协会（SEMI）的统计数据显示，2021 年，在全球市场上，薄膜沉积设备的销售额超过 200 亿美元。根据全球著名的市场研究与咨询公司 Maximize Market Research 的数据，到 2025 年，全球薄膜沉积设备的销售额会增加到 340 亿美元，几乎翻一番。

目前，在全世界范围内，薄膜沉积设备的生产厂家主要集中在美国、日本、欧洲等国家和地区，著名的企业有美国的应用材料公司（AMAT）、泛林半导体公司（LAM），日本的东京电子株式会社（TEL）等。图 8-4

是 2020 年全球薄膜沉积设备生产厂家的市场占有率。

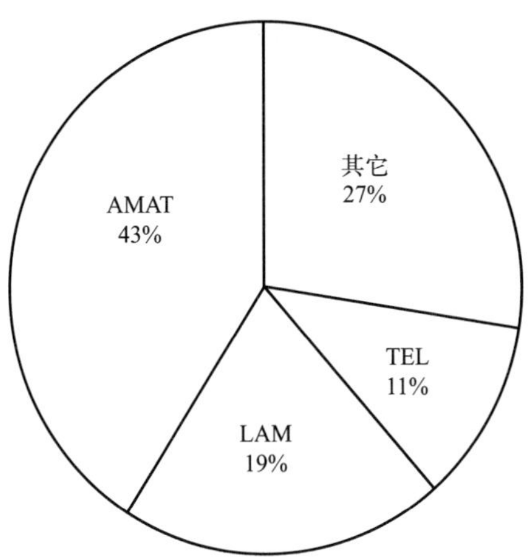

图 8-4　2020 年全球薄膜沉积设备生产厂家的市场占有率

第二节　薄膜的微纳图案化工艺——光刻

薄膜在沉积完成后，还需要加工成一定的形状和尺寸，它们的尺寸一般是微米或纳米级别，这个过程叫作薄膜的微纳图案化。

薄膜的微纳图案化需要对薄膜进行微纳尺度的加工，它是电子工业最重要的技术之一，也是核心技术之一。制造柔性电子产品同样需要微纳图案化技术。微纳图案化技术有多种，而且目前仍在不断出现新技术，其中，使用较多的技术有光刻、印刷等。

一、光刻步骤

光刻是目前最重要的微纳图案化技术，它的步骤如下：

第一步，在衬底上制备薄膜。

第二步，在薄膜上涂覆一层光刻胶，见图 8-5。

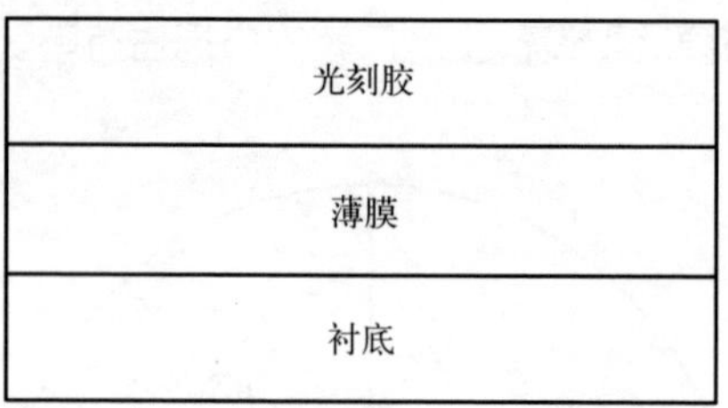

图 8-5　在薄膜上涂覆一层光刻胶

第三步，制造光掩模。光掩模一般用石英玻璃等材料制造，玻璃的下表面镀一层不透明的薄膜，比如铬薄膜。用激光或电子束把铬薄膜加工成想要的图案，即图案部分是不透明的（有铬薄膜），其它部分是透明的（铬薄膜被去除了），如图 8-6 所示。

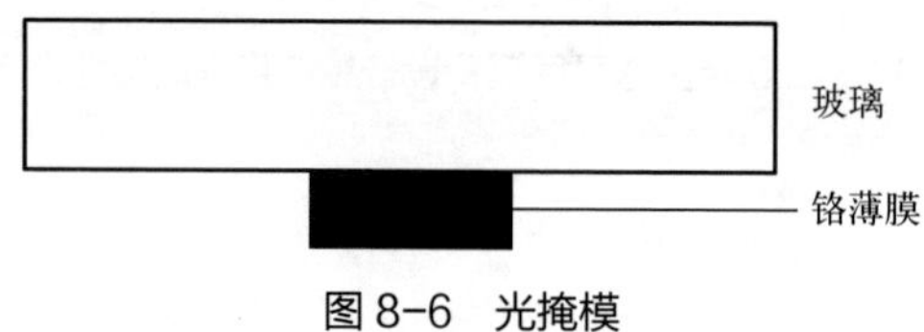

图 8-6　光掩模

第四步，把光掩模覆盖在光刻胶上面，见图 8-7。

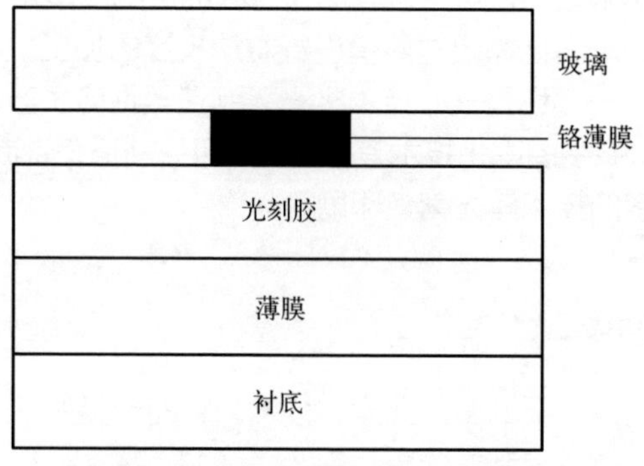

图 8-7　把光掩模覆盖在光刻胶上面

第五步，用特定的光线（如紫外线）照射光掩模和光刻胶。被光掩模上的图案遮住的光刻胶不会受到光线照射，不会发生曝光；没有被光掩模的图案遮住的光刻胶会受到光线的照射，从而发生曝光，如图 8-8 所示。

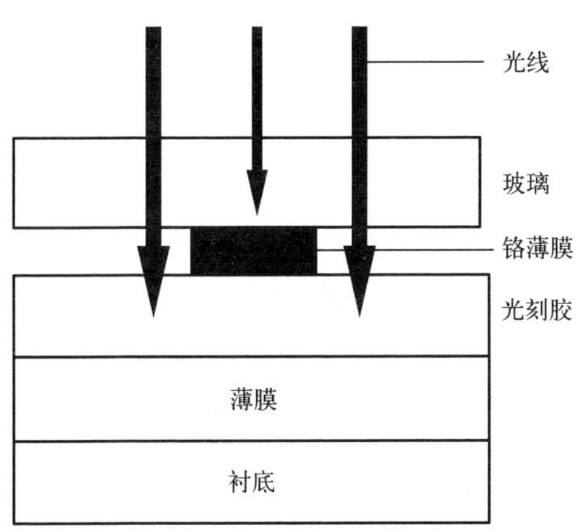

图 8-8　用光线照射光掩模和光刻胶

第六步，用显影液处理光刻胶。发生曝光的光刻胶可以被显影液溶解，没有发生曝光的光刻胶不会被显影液溶解，所以，剩余的光刻胶就是图案的形状，如图 8-9 所示。

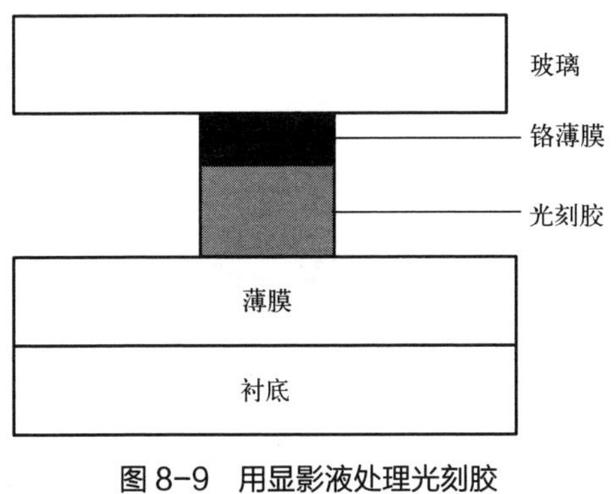

图 8-9　用显影液处理光刻胶

第七步，用一些化学、物理或机械方法对衬底表面的薄膜进行刻蚀。其中，被光刻胶覆盖的薄膜不会被刻蚀，而其余部分的薄膜会被刻蚀而去除。所以，最终剩余的薄膜就成为想要的图案的形状，见图 8-10。

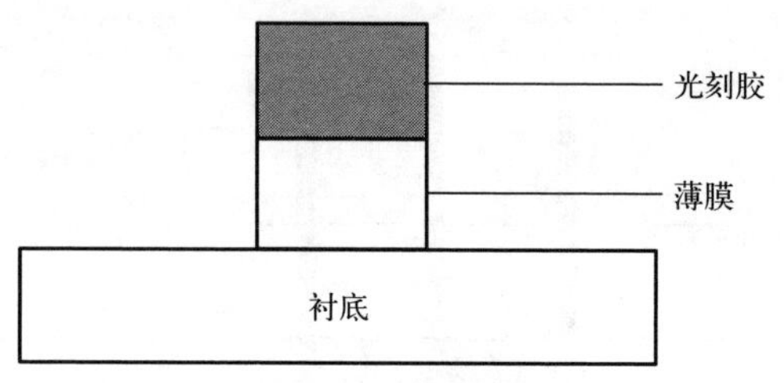

图 8-10　薄膜刻蚀

第八步，刻蚀结束后，再把薄膜表面的光刻胶去除，就得到了最终的产品，见图 8-11。

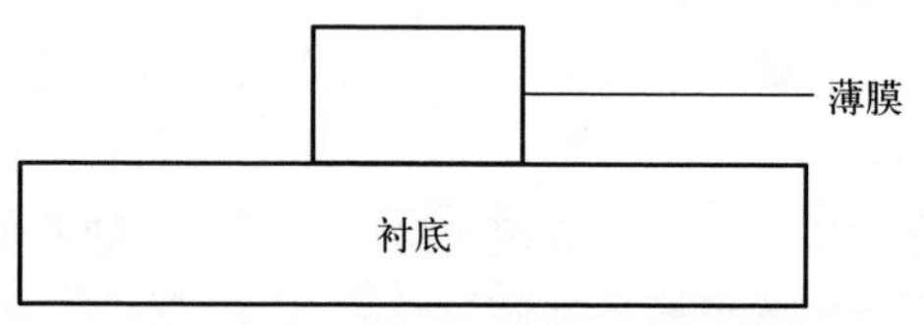

图 8-11　去除薄膜表面的光刻胶

在电子器件的整个制造过程中，经常需要进行多次光刻，有些复杂的产品需要进行 50 次光刻。

二、光刻机

从上面对光刻工艺的介绍可以看出，光刻技术特别复杂，工序特别多。而且图案的形状在很多时候都很复杂，尺寸很小，为微纳尺度。所以，光刻工艺对技术的要求很苛刻，包括加工精度高、加工效率高，而成本低廉。

为了满足对光刻工艺的要求，保证产品的质量，人们使用一种特别尖端的精密设备进行光刻，它就是我们经常听说的光刻机。

光刻机是一种精密设备，它的核心部件包括下面几个部分。

1. 光源

前面提到，在光刻工艺中，很重要的一道工序是用特定的光线照射光掩模和光刻胶，使一部分光刻胶发生曝光，从而加工需要的图案。

这种特定的光线是由光刻机中的光源发射的，它就像雕刻师手中的刀具一样，把光刻胶加工成各种精细的图案。

为了保证所加工的图案的精度和加工效率，对光线的波长和能量都有特殊的要求。比如，要求光线的波长尽量短，这样图案的精度比较高。一般的光刻机使用紫外线甚至波长更短的光线——深紫外光。目前，世界上最先进的极紫外（EUV）光刻机使用的光线是极紫外线，它的波长只有 13.5nm。

另外，要求光线的能量尽量高，这样，光刻的速度会比较快，加工效率高。

为了使发射的光线符合要求，对光源的要求就很高，所以，对光刻机来说，光源是最重要的零部件之一。

2. 光路系统

光线由光源发出后，需要通过光路系统到达光刻胶的表面，如图 8-12 所示。

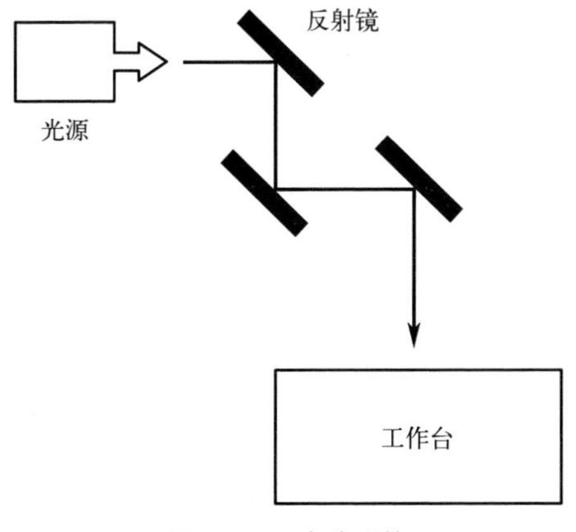

图 8-12　光路系统

在光路系统中，最重要的零部件是反射镜，它们把光线引导到工件表面。反射镜的性能指标有反射率、形状等，要求它们对光线的吸收少，反射率高，另外形状准确，对光线的反射角度精确。

资料表明，在荷兰 ASML 公司生产的 EUV 光刻机中，光路系统使用了 40 对反射镜，它们是由德国的蔡司公司制造的。

3. 工作台

工作台的作用是控制被加工对象按特定的路线和速度进行移动，保证整个光刻过程的进行。工作台的性能影响光刻的精度、加工效率等。

为了提高光刻精度和效率，ASML 公司生产的光刻机采用了独特的双工作台系统：其中一个工作台对光刻胶进行曝光，同时，另一个工作台进行预对准工作，这两个工作台互相配合，同时运行，使光刻效率比普通的单工作台提高了 35% 左右，加工精度提高了 10% 以上。

从上面的介绍可以看出，光刻机的制造涉及多个领域的技术，如机械设计和制造、精密仪器、光学、电子、自动控制、计算机等，技术复杂、门槛高、成本高。实际上，一台光刻机综合了多个国家的高端技术，比如，荷兰 ASML 公司生产的最先进的 EUV 光刻机，质量达 180t，零部件一共有 10 万个左右，其中 90% 都是由国外的合作伙伴提供的：光源是美国的 Cymer 公司制造的，光路系统是德国的蔡司公司制造的，计量部件是美国的世德科技公司制造的，工作台是由德国的企业制造的。同时，ASML 公司本身有很高的设计和集成水平，所以才制造出了世界最先进的光刻机。ASML 的负责人曾自豪地宣称：“即使把我们的图纸公开，很多人也根本造不出光刻机！”这很恰当地反映了光刻机制造的难度。

目前，全世界只有荷兰和日本等很少的几个国家掌握了光刻机的制造技术。其中，水平最高、名气最大的企业是荷兰的 ASML 公司，它的产品占据了全球 80% 的市场份额，在行业中处于绝对垄断地位，英特尔、三星、台积电等芯片制造企业都用 ASML 生产的光刻机制造芯片。

如很多人所知，光刻机的价格十分昂贵，很多都高达几亿元人民币。ASML 生产的 EUV 光刻机的价格超过 1.5 亿美元（逾 10 亿元人民币）。据报道，ASML 目前正在开发一种更先进的 High NA EUV 光刻机，它的成本达到了 3 亿美元。

其实，光刻工艺的难点并不只是光刻机，甚至人们感觉很不起眼的光刻胶对光刻的精度也有重要影响。目前，光刻胶的技术门槛很高，尤其是高端的光刻胶，只有日本、美国等少数国家才能制造。

三、新型光刻技术

电子的波长只有0.087nm，比上文提到的极紫外线的波长（13.5nm）小得多，所以，用电子束进行光刻，图案的分辨率更高，能加工尺寸更小的元器件。德国马克斯－普朗克研究所（Max Planck）的科学家用电子束光刻技术制备了一种柔性有机薄膜晶体管，它的尺寸只有纳米级别。

第三节　薄膜的微纳图案化工艺——印刷电子技术

印刷电子技术也属于一种图案化工艺，它是利用印刷技术制造电子产品的技术，也就是把电子元器件、导线等直接印刷在基体表面。通过这种技术，人们可以像印刷报纸、书籍一样，快速制造电子产品。

印刷电子技术的优点包括可以进行大批量的连续化生产，生产效率高，生产成本低，而且可以制造大面积的产品，这对柔性电子产品如可穿戴设备来说特别重要。美国乔治亚理工学院等单位的研究者用印刷技术制造了一些柔性电子器件。

市场调查机构的统计数据显示，2014年，印刷电子产业的市场规模是11.5亿美元，2019年快速增长到了167亿美元，发展前景很好。

普通印刷技术的种类很多，包括凸版印刷、凹版印刷、丝网印刷、柔版印刷、喷墨打印等。而印刷电子技术来源于普通印刷技术，也包括（但不限于）以上种类。

1. 凸版印刷

印刷工艺使用的工具叫印版。凸版印刷使用的印版叫凸版。凸版就是印刷的图文部分向上凸起的印版，如图8–13所示。在印刷时，把油墨涂覆在凸版的表面，凸版和基体接触，图文就印刷到基体上。

由于在凸版上，需要印刷的图文部位是凸起的，所以在印刷的产品里，图文部分是凹进去的。

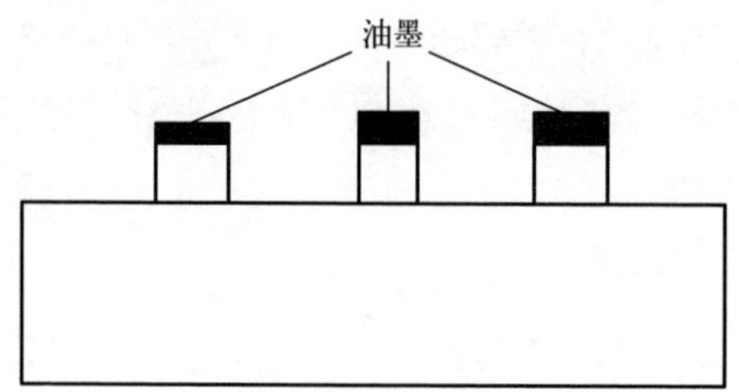

图 8-13　凸版

2. 凹版印刷

这种方法使用的印版叫凹版。凹版和凸版正好相反——它的图文部分是凹下去的，相当于很多凹槽，如图 8-14 所示。

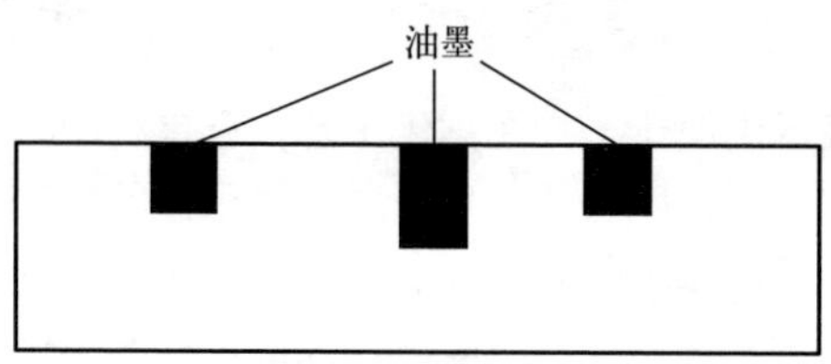

图 8-14　凹版

在印刷时，先在整个印版表面涂覆油墨，然后把平面部分的油墨去除，而凹槽里的油墨仍保留着，这样就可以印刷了。

据报道，韩国三星和 LG 公司分别用这种方法印刷了尺寸为 3m × 3m 和 1m × 1m 的柔性电路板。

3. 平版印刷

这种方法使用的印版叫平版。在平版里，要印刷的图文部分和空白部分基本是平的，如图 8-15 所示。在印刷时，先对平版上的图文部分和空白部分进行一定的处理，使图文部分具有亲油性，也就是容易吸附油墨，而空白部分具有亲水性，同时具有斥油性。然后，依次在平版的表面加水和油墨，图文部分会吸附油墨，空白部分会吸附水分，这样就可以把图文印刷到基体上了。

在很多时候，人们并不用平版直接在纸张上印刷，而是先把图文印

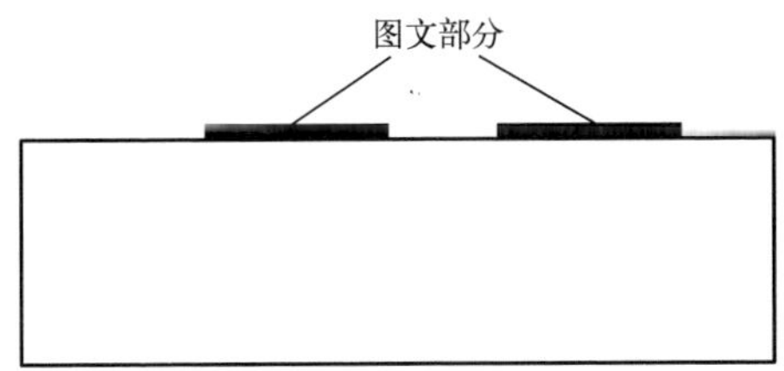

图 8-15　平版

刷到胶皮（也叫橡皮布）上，然后再用胶皮在纸张上印刷，所以，平版印刷也常叫作胶印。这种方法的优点是：由于胶皮比较柔软，所以可以很好地把图文印刷到纸张上，图案清晰、完整；另外，它也可以减少平版上的水分被印刷到纸张上。

4. 丝网印刷

这种方法使用的印版叫丝网印版，在这种印版上，需要印刷的图文部分是镂空的，如果图文部分比较多，这种印版就像一张丝网，如图 8-16 所示。印刷时，从丝网印版的上方倒下油墨，油墨就会从镂空的图文部分漏到基底上，从而进行印刷。

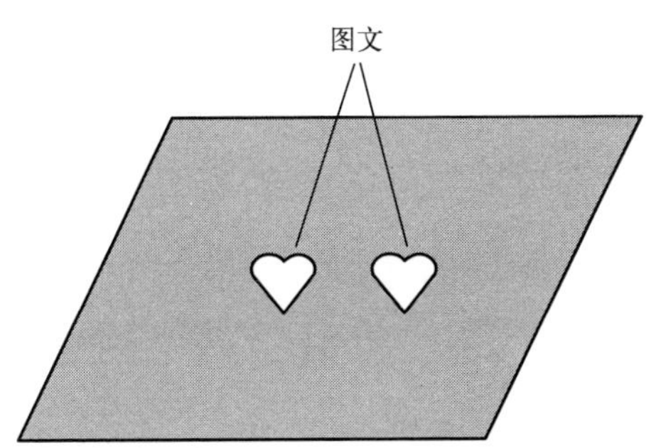

图 8-16　丝网印刷使用的印版

丝网印刷可以进行大面积印刷，还能在曲面上进行印刷，印刷速度快、成本低，是最成熟的印刷电子技术，人们已经用这种技术印刷了电路板的金属导线、晶体管的电极、太阳能电池、传感器等产品，所以，它在柔性电子领域有很好的应用前景。

丝网印刷的缺点是分辨率比较低，所以印刷的元器件的尺寸不能太小，这会限制产品的集成度。

5. 柔版印刷

柔版印刷实际上属于一种凸版印刷，只是它使用的印版具有较好的柔性，容易发生变形。柔性印版一般是用橡胶或聚酯等柔性材料制造的。这种技术的优点是可以在很多材料，包括纸张、塑料等的表面进行印刷，而且印刷质量好，图案清晰、完整，印刷速度快、效率高、成本低。我们平时看到的很多产品如包装袋、广告品等都是用这种方法印刷的。

6. 喷墨打印

喷墨打印是我们很熟悉的一种技术——把墨液喷射到纸张表面进行打印。研究者认为，喷墨打印具有工艺简单、成本低、效率高等优点，所以很适合制造柔性电子产品。目前，人们已经用这种方法打印了太阳能电池的二氧化钛电极层、薄膜晶体管等产品。

德国卡尔斯鲁厄理工学院的科学家用喷墨打印技术制造了一种柔性显示器。我国东华大学的研究者也用喷墨打印技术制造了柔性显示器。

7. 电子油墨

印刷电子技术需要使用电子油墨。印刷的产品不同，油墨的种类也不同：有的是导体，有的是半导体，有的是绝缘体，有的是光伏材料……

美国 Nanosolar 公司研制了一种纳米电子油墨，用来印刷柔性 CIGS 薄膜太阳能电池。

天津大学的研究者研制了一种纳米金属导电油墨，用它印刷了一种柔性电路。

上文中提到，东华大学的研究者用喷墨打印方法制造了一种柔性显示器，他们自己研制了一种导电聚苯胺（PANI）油墨。

第四节　卷对卷技术

“卷对卷”（roll to roll，R2R）这个词最初是用来描述报纸的印刷方式的：原材料从圆筒状的料卷卷出，进入印刷机，进行印刷，印刷完成后，产品又卷成圆筒状的卷，如图 8-17 所示。

“卷对卷”方式可以进行连续生产，速度快、效率高、成本低，所

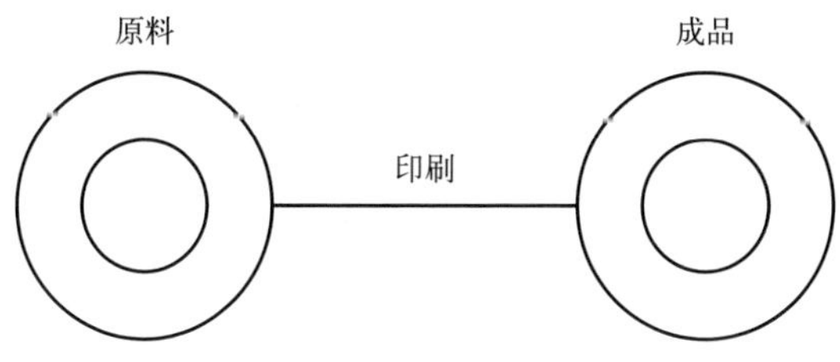

图 8-17　“卷对卷”印刷

以人们把它引入到柔性电子领域，批量生产柔性电子产品：柔性衬底从原料卷卷出，进行薄膜沉积、印刷等加工，最后，成品又卷成卷。目前，人们已经用这种技术生产了 OLED、薄膜太阳能电池、RFID 标签等多种柔性电子产品。

柔性电子的卷对卷（R2R）生产系统如图 8-18 所示，主要由三部分组成：放卷模块、工艺模块、收卷模块。工艺模块具体包括薄膜沉积、图案化、封装等模块。

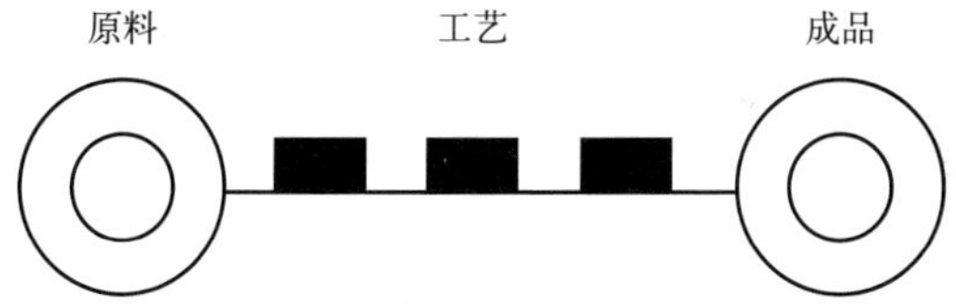

图 8-18　柔性电子的卷对卷（R2R）生产系统

一、R2R 薄膜沉积系统

用 R2R 技术进行薄膜沉积，可以提高生产效率、降低成本。

日本 Sony 公司开发了一套化学气相沉积 R2R 系统（R2R-CVD 集成系统），用铜箔作为基体，在上面制备石墨烯薄膜。

2021 年 5 月 28 日，上海捷氢科技有限公司建立了一条 R2R 薄膜沉积生产线，生产燃料电池的薄膜电极。这条生产线可以进行全自动化生产，效率高，产能高，大幅降低了产品的生产成本。

韩国 DCN 公司开发了一种多功能 R2R 薄膜沉积系统，可以用于柔性显示器、薄膜太阳能电池、半导体封装等领域。

二、R2R 印刷集成制造系统

这种系统是把印刷技术和 R2R 相结合，可以生产柔性显示器、薄膜太阳能电池等多种柔性电子产品。

本章开头介绍的美国的康宁公司和中国的台湾工业技术研究院合作开发的柔性触控屏生产技术，就属于 R2R 印刷集成制造系统。触控屏的衬底使用康宁公司生产的超薄玻璃，厚度只有 100μm，宽度是 1m，长度达 300m。使用丝网印刷技术在衬底上印刷电路，印刷设备是中国的台湾工业技术研究院研制的。

近些年来，韩国三星、LG，日本富士通等公司都建立了 R2R 印刷集成制造系统，生产柔性 OLED 显示器。

美国的 Nanosolar 公司、Veeco 公司等都用这种技术生产柔性 CIGS 薄膜太阳能电池。其中，Nanosolar 公司的电池使用铝箔作为衬底，长度达几千米。

美国 Konarka 公司用 R2R 喷墨印刷技术生产柔性有机薄膜太阳能电池。

英国的 G24 Innovations 公司用 R2R 印刷集成制造系统生产柔性染料敏化太阳能电池，使用金属箔作为衬底，在 3h 的时间内，可以印刷 800m 的产品。

芬兰 VTT 研究中心和韩国卷对卷柔性显示研究中心合作开发了一套 R2R 印刷集成制造系统，用 PET 薄膜作为衬底，生产 RFID 标签。整个系统包括开卷、预热、印刷、烘干、冷却、收卷等模块。PET 薄膜的宽度是 300mm，厚度是 0.1mm，系统的印刷速度可以达到 50m/min。

我国成都捷翼电子有限公司建设了 R2R 集成制造系统，生产“电子纸”，它是一种柔性显示器，可以用于移动阅读、电子标签、智能卡等领域。整个系统包括开卷、清洗、镀膜、烘烤、封装等模块，可以实现全自动化生产。据公司介绍，该系统全面投产后，年产量可以达到 4000 万张，销售额将达到 20 亿元人民币。